トクとトクイになる！ 小学ハイレベルワーク

# 3年 算数 もくじ





**特別ふろく**

1 巻末ふろく しあげのテスト
2 WEBふろく WEBでもっと解説
3 WEBふろく 自動採点CBT

WEB CBT(Computer Based Testing)の利用方法
コンピュータを使用したテストです。パソコンで下記WEBサイトへアクセスして，アクセスコードを入力してください。スマートフォンでのご利用はできません。

アクセスコード／Cmbbbb7b

https://b-cbt.bunri.jp

# この本の特長と使い方

## この本の構成

### 標準レベル

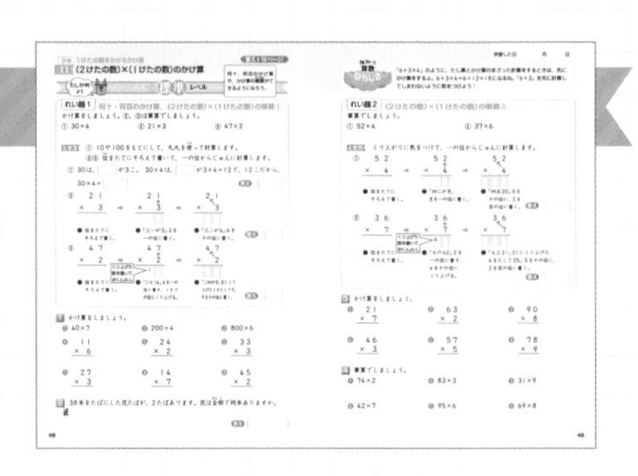

実力を身につけるためのステージです。
教科書で学習する，必ず解けるようにしておきたい標準問題を厳選して，見開きページでまとめています。
例題でそれぞれの代表的な問題に対する解き方を確認してから，演習することができます。
学習事項を体系的に扱っているので，単元ごとに，解けない問題がないかを確認することができるほか，先取り学習にも利用することができます。

### ハイレベル

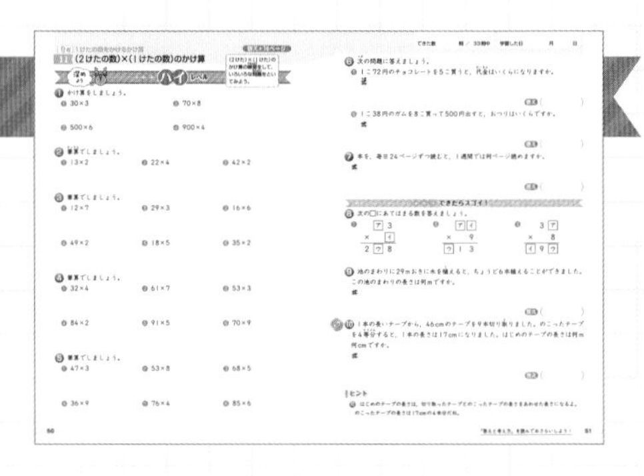

応用力を養うためのステージです。
「算数の確かな実力を身につけたい！」という意欲のあるお子様のために，ハイレベルで多彩な問題を収録したページです。見開きで1つの単元がまとまっているので，解きたいページから無理なく進めることができます。教科書レベルを大きくこえた難しすぎる問題は出題しないように配慮がなされているので，無理なく取り組むことができます。各見開きの最後にある「できたらスゴイ！」にもチャレンジしてみましょう！

### 思考力育成問題

知識そのものでなく，知識をどのように活用すればよいのかを考えるステージです。
普段の学習では見落とされがちですが，これからの時代には，「自分の頭で考え，判断し，表現する学力」が必要となります。このステージでは，やや長めの文章を読んだり，算数と日常生活が関連している素材を扱ったりしているので，そうした学力の土台を形づくることができます。肩ひじを張らず，楽しみながら取り組んでみましょう。
それぞれの問題に，以下のマークのいずれかが付いています。

？…思考力を問う問題　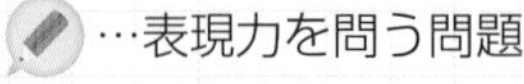　…判断力を問う問題

**とりはずし式 答えと考え方**

ていねいな解説で，解き方や考え方をしっかりと理解することができます。
まちがえた問題は，時間をおいてから，もう一度チャレンジしてみましょう。

『トクとトクイになる！　小学ハイレベルワーク』は，教科書レベルの問題ではもの足りない，難しい問題にチャレンジしたいという方を対象としたシリーズです。段階別の構成で，無理なく力をのばすことができます。問題にじっくりと取り組むという経験によって，知識や問題に取り組む力だけでなく，「考える力」「判断する力」「表現する力」の基礎も身につき，今後の学習をスムーズにします。

## おもなマークやコーナー

「ハイレベル」の問題の一部に付いています。複数の要素を扱う内容や，複雑な設定が書かれた文章題などの，応用的な問題を表しています。自力で解くことができれば，相当の実力がついているといえるでしょう。ぜひチャレンジしてみましょう。

「標準レベル」の見開きそれぞれについている，算数にまつわる楽しいこぼれ話のコーナーです。勉強のちょっとした息抜きとして，読んでみましょう。

## 役立つふろくで，レベルアップ！

### 1 トクとトクイに！　しあげのテスト

この本で学習した内容が確認できる，まとめのテストです。学習内容がどれくらい身についたか，力を試してみましょう。

読むだけで勉強になる，WEB掲載の追加の解説です。
問題を解いたあとで，あわせて確認しましょう。
右のQRコードからアクセスしてください。

コンピュータを使用したテストを体験することができます。専用サイトにアクセスして，テスト問題を解くと，自動採点によって得意なところ（分野）と苦手なところ（分野）がわかる成績表が出ます。

### 「CBT」とは？

「Computer Based Testing」の略称で，コンピュータを使用した試験方式のことです。
受験，採点，結果のすべてがコンピュータ上で行われます。
専用サイトにログイン後，もくじに記載されているアクセスコードを入力してください。

**https://b-cbt.bunri.jp**

※本サービスは無料ですが，別途各通信会社からの通信料がかかります。
※推奨動作環境：画角サイズ　10インチ以上　　横画面
［PCのOS］Windows10以降　　［タブレットのOS］iOS14以降
［ブラウザ］Google Chrome（最新版）　Edge（最新版）　safari（最新版）
※お客様の端末およびインターネット環境によりご利用いただけない場合，当社は責任を負いかねます。
※本サービスは事前の予告なく，変更になる場合があります。ご理解，ご了承いただきますよう，お願いいたします。

答え▶2ページ

# 1 九九の表とかけ算

かけ算のきまりをたしかめて，0や10のかけ算ができるようになろう！

## れい題1 かけ算のきまり

□にあてはまる数を答えましょう。

① 2×5＝2×4＋□　　② 3×8＝3×9－□

③ 6×7＝7×□　　④ 9×3＝(5×3)＋(□×3)

**とき方** かけ算のきまりを使って考えます。

① かける数が1ふえると，答えはかけられる数だけ大きくなるから，

（かける数が1ふえる）

2×5の答えは，2×4の答えより□大きくなります。（かけられる数）

□

② かける数が1へると，答えはかけられる数だけ小さくなるから，

（かける数が1へる）

3×8の答えは，3×9の答えより□小さくなります。（かけられる数）

□

③ かけられる数とかける数を入れかえても，答えは□になります。

答え □

④ かけられる数や□数を分けて計算しても，答えは同じになります。

（9＝5＋4）

答え □

**1** □にあてはまる数を答えましょう。

❶ 4×3＝4×2＋□　　❷ 8×7＝8×□＋8

❸ 9×6＝9×7－□　　❹ 5×4＝5×□－5

❺ 2×8＝8×□　　❻ 6×3＝□×6

**2** □にあてはまる数を答えましょう。

❶ 7×2＝(4×2)＋(□×2)　　❷ 8×5＝(□×5)＋(6×5)

❸ 4×6＝(4×5)＋(4×□)　　❹ 9×5＝(9×□)＋(9×2)

かけ算だけでなく，わり算の九九もあったんだって！　今はほとんど使われていないけれどね。

## れい題２　０や10のかけ算，答えが九九にないかけ算

次(つぎ)の計算をしましょう。

①　$0 \times 5$　　②　$10 \times 2$　　③　$12 \times 3$

**とき方**　かけ算のきまりを使って，答えをもとめることができます。

①　$0 \times 5 = 5 \times 0$ ←［れい題１］③

$5 \times 0 = 5 \times 1 -$ □ $=$ □ ←［れい題１］②

０にどんな数をかけても，また，どんな数に０をかけても，答えは

□ になります。　　**答え** □

②　$10 \times 2 = 2 \times 10$ ←［れい題１］③

$2 \times 10 = 2 \times 9 +$ □ $=$ □ ←［れい題１］①　　**答え** □

③・②と同じように考えると，$12 \times 3 = 3 \times$ □

$3 \times 10 = 30$　$3 \times 11 = 33$　$3 \times 12 =$ □

（３ふえる）（３ふえる）

・$12 = 10 + 2$ だから，

$12 \times 3 = (10 \times 3) + (2 \times 3) = 30 +$ □ $=$ □ ←［れい題１］④

・$12 \times 3 = 12 + 12 +$ □ $=$ □　　**答え** □

**3**　次の計算をしましょう。

❶　$6 \times 0$　　❷　$3 \times 0$

❸　$0 \times 4$　　❹　$0 \times 9$

❺　$5 \times 10$　　❻　$7 \times 10$

❼　$10 \times 3$　　❽　$10 \times 8$

❾　$13 \times 2$　　❿　$14 \times 3$

答え▶2ページ

# 1 九九の表とかけ算

ハイレベル

かけ算のきまりを使(つか)って答えをもとめよう。
（　）の中は，先に計算するよ！

## 1 □にあてはまる数を答えましょう。

❶ 6×□＝6×7＋6

❷ 7×9＝7×□－7

❸ □×4＝□×3＋9

❹ 2×□＝□×8－2

❺ 8×□＝5×8

❻ □×3＝3×9

❼ 10×7＝7×□

❽ □×15＝15×3

## 2 □にあてはまる数を答えましょう。

❶ 9×□＝(2×8)＋(7×8)

❷ 4×10＝(4×6)＋(4×□)

❸ 13×7＝(10×7)＋(□×7)

❹ 6×14＝(6×□)＋(6×9)

## 3 次(つぎ)の計算をしましょう。

❶ 0×10

❷ 13×0

❸ 0×0

❹ 1×10

❺ 10×9

❻ 10×10

❼ 15×4

❽ 17×5

## 4 □にあてはまる数を答えましょう。

❶ 3×□＝12

❷ 7×□＝35

❸ 9×□＝54

❹ □×4＝28

❺ □×8＝24

❻ □×5＝45

**5** おはじき入れをしたら，右のようになりました。
合計のとく点は何点ですか。式を書いてもとめましょう。

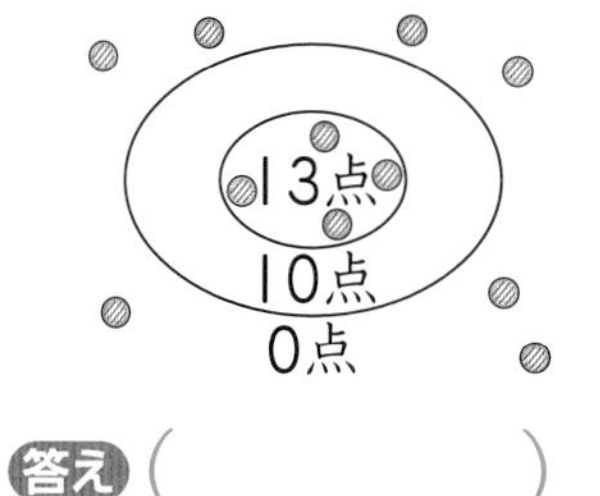


**式**

答え（　　　　）

**できたらスゴイ！**

**6** □にあてはまる数を答えましょう。

❶ $(8\times4)+(8\times3)=8\times\square$

❷ $(5\times7)+(5\times9)=\square\times16$

❸ $(2\times9)+(\square\times9)=12\times9$

❹ $(4\times\square)+(4\times8)=4\times17$

❺ $(11\times6)-(7\times6)=\square\times6$

❻ $(3\times15)-(3\times\square)=3\times7$

**7** 12×5の答えを，3つの考え方でもとめました。式の考え方にあう図をそれぞれえらんで，記号で答えましょう。

❶ $12+12+12+12+12$

（　　　）

❷ $(7\times5)+(5\times5)$

（　　　）

❸ $(2\times5)+(10\times5)$

（　　　）

㋐　㋑　㋒

**8** 45このボールがあります。7つの箱に同じ数ずつ入れると，3こあまりました。
1つの箱に，ボールを何こずつ入れましたか。

（　　　　）

**ヒント**

**6** ❺❻ かけられる数やかける数をひき算で表してから分けて計算しても，答えは同じになるよ。

**8** 7つの箱に入ったボールの数は，$45-3=42$(こ)
1つの箱に□こずつ入れると考えて式に表すと，$\square\times7=42$ だね。

答え▶3ページ

# 2 (2けたの数)÷(1けたの数)のわり算

わり算を使って，1人分の数や何人に分けられるかをもとめよう！

標準レベル

## れい題1 (2けたの数)÷(1けたの数)のわり算

式を書いて，答えをもとめましょう。

① 色紙が12まいあります。4人で同じ数ずつ分けると，1人分は何まいになりますか。

② あめが10こあります。1人に5こずつ分けると，何人に分けられますか。

とき方 どちらもわり算の式に書いて，答えをもとめます。

① 12まいの色紙を4人で同じ数ずつ分けるときの1人分の数をもとめる式は，

12÷□

1人分の数 人数 全部の数

1人分が1まい　1×4=□

1人分が2まい　2×4=□

1人分が3まい　3×4=□

12÷4の答えは，□×4=12の□にあてはまる数だから，12÷4=□

式 12÷4=□　答え □まい

② 10このあめを1人に5こずつ分けるとき，何人に分けられるかをもとめる式は，10÷□

1人分の数 人数 全部の数

人数が1人　5×1=□

人数が2人　5×2=□

10÷5の答えは，5×□=10の□にあてはまる数だから，10÷5=□

式 10÷5=□　答え □人

**1** 18本のえん筆を，3人で同じ数ずつ分けると，1人分は何本になりますか。

式

答え (　　　)

**2** 24cmのテープがあります。6cmずつに切ると，何本になりますか。

式

答え (　　　)

学習した日　　月　　日

わり算の記号「÷」は，世界のほかの国であまり使われていないよ。ななめの記号「/(スラッシュ)」や，「:(コロン)」という記号で表されることが多いんだって！

## れい題2　0や1のわり算

次の計算をしましょう。

① 6÷1　　② 0÷4

**とき方**　1×□＝6，4×□＝0の□にあてはまる数を考えます。

① 1×[6]＝□ だから，6÷1＝□

わる数が1のとき，答えはわられる数と□になります。　**答え** □

② 4×[0]＝□ だから，0÷4＝□

0を，0でないどんな数でわっても，答えはいつも□になります。

**答え** □

**3** 次の計算をしましょう。

❶ 8÷1　　❷ 2÷1　　❸ 5÷1

❹ 0÷3　　❺ 0÷7　　❻ 0÷6

## れい題3　答えが九九にないわり算

46÷2の計算をしましょう。

**とき方**　46を40と6に分けて考えます。

40÷2は，10が4÷2＝□で，□こだから，

40÷2＝□　　6÷2＝□　　あわせて，□　　**答え** □

**4** 次の計算をしましょう。

❶ 60÷2　　❷ 80÷4　　❸ 30÷3

❹ 77÷7　　❺ 96÷3　　❻ 86÷2

答え▶4ページ

## 2 (2けたの数)÷(1けたの数)のわり算

わり算を使って，いろいろな問題をといてみよう。わり算の計算も，しっかり練習しようね。

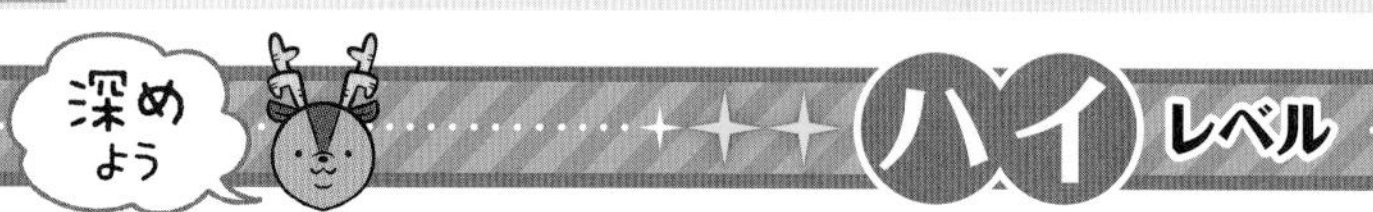


**1** 次の計算をしましょう。

❶ 14÷2　　❷ 6÷6

❸ 0÷9　　❹ 40÷5

❺ 72÷8　　❻ 4÷1

❼ 3÷3　　❽ 35÷7

❾ 54÷9　　❿ 0÷1

**2** 次の計算をしましょう。

❶ 39÷3　　❷ 84÷2

❸ 90÷3　　❹ 28÷2

❺ 50÷5　　❻ 63÷3

**3** リボンでかざりを作ります。1つのかざりを作るのに，リボンを8cm使います。32cmのリボンがあるとき，かざりをいくつ作ることができますか。

式

答え（　　　　）

**4** だいきさんは，シールを21まい，弟は7まい持っています。だいきさんが持っているシールの数は，弟の何倍ですか。

式

答え（　　　　）

**5** 同じあつさの本を5さつつみ重(かさ)ねると，高さが45cmになりました。この本1さつのあつさは何cmですか。

**式**

**答え**（　　　　）

## ✦✦✦ できたらスゴイ！

**6** まいさんは，1まい3円の画用紙を24円分買って，そのうち5まい使いました。のこりの画用紙は何まいですか。

**式**

**答え**（　　　　）

**7** あきかんを，きのう23こ，きょう19こ拾(ひろ)いました。拾った人数は6人で，2日間に拾った数は，全員(ぜんいん)同じだったそうです。1人何こずつ拾いましたか。

**式**

**答え**（　　　　）

**8** 花屋(はなや)に，同じ数ずつたばにしたゆりの花たばが8つあります。全部(ぜんぶ)のゆりの数は48本だそうです。

❶ この花たばのうち，2つが売れました。売れたゆりの数は何本ですか。

**式**

**答え**（　　　　）

❷ のこったゆりを一度(ど)ひとまとめにして，また同じ数ずつの花たばに作りなおすと，1つの花たばは9本になりました。いくつの花たばに作りなおしましたか。

**式**

**答え**（　　　　）

**ヒント**

**8** ❷ のこったゆりの数は，［全部のゆりの数］－［売れたゆりの数］だね。作りなおしてできた花たばの数を□とすると，9×□＝［のこったゆりの数］であることから，花たばの数を考えよう。

答え ▶ 4ページ

# 3 時こくと時間のもとめ方，短い時間

1時間＝60分を使って，時こくや時間をもとめられるようになり，秒について知ろう！

## れい題1 時こくのもとめ方

次の時こくは何時何分ですか。

① 9時20分から50分後の時こく

② 5時15分から35分前の時こく

**とき方** ちょうどの時こくをもとに考えます。

① 9時20分から□分後の時こくが□時ちょうどで，そこから□分後の時こくをもとめます。

答え □時□分

② 5時15分から□分前の時こくが□時ちょうどで，そこから□分前の時こくをもとめます。

答え □時□分

**1** □にあてはまる数を書きましょう。

❶ 6時55分から20分後の時こくは□時□分です。

❷ 8時10分から1時間55分後の時こくは□時□分です。

❸ 2時3分から7分前の時こくは□時□分です。

❹ 4時15分から1時間40分前の時こくは□時□分です。

**2** さやかさんの家からおばあさんの家まで45分かかります。さやかさんが，午前10時30分に家を出発すると，おばあさんの家に着くのは何時何分になりますか。

（　　　　　）

学習した日　　月　　日

時計の文字ばんの中で，ときどき「ローマ数字」を使っているものがあるよ。「1」が「Ⅰ」，「2」が「Ⅱ」，「3」が「Ⅲ」で表(あらわ)されていたら，ローマ数字だよ。5は「Ⅴ」，10は「Ⅹ」だよ。

## れい題2　時間のもとめ方

次の時間は何時間何分ですか。

① 20分と45分をあわせた時間

② 午前7時50分から午前10時15分までの時間

**とき方**　あわせた時間はたし算，時こくと時こくの間の時間はひき算でもとめます。

① 20分＋45分＝□分＝□時間□分

答え　□時間□分

② 15分から50分はひけないから，1時間をくり下げて60分にします。

10時15分－7時50分＝9時□分－7時50分＝□時間□分

60分＋15分＝□分

答え　□時間□分

**3** □にあてはまる数を答えましょう。

❶ 1時間30分と2時間40分をあわせた時間は□時間□分です。

❷ 午後3時45分から午後6時25分までの時間は□時間□分です。

## れい題3　短(みじか)い時間

□にあてはまる数を答えましょう。

① 95秒＝□分□秒　　② 1分20秒＝□秒

**とき方**　1分＝60秒を使います。

① 95－□（1分）＝□です。　　答え　□分□秒

② □（1分）＋20＝□です。　　答え　□秒

**4** □にあてはまる数を書きましょう。

❶ 170秒＝□分□秒　　❷ 1分45秒＝□秒

答え▶5ページ

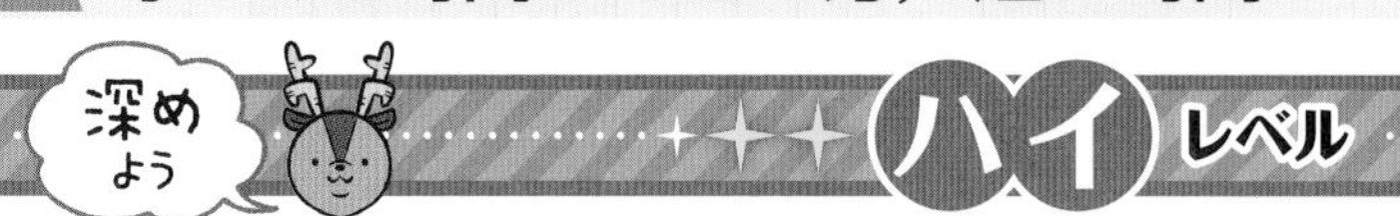

# 3 時こくと時間のもとめ方，短い時間

深めよう　ハイレベル

時こくと時間は，同じたんいをたしたりひいたりして計算しよう！

**1** □にあてはまる数を答えましょう。

❶ 1時45分から2時間35分後の時こくは□時□分です。

❷ 9時5分から1時間50分前の時こくは□時□分です。

**2** □にあてはまる数を答えましょう。

❶ 2時間52分と1時間38分をあわせた時間は□時間□分です。

❷ 午前7時25分から午前11時10分までの時間は□時間□分です。

**3** □にあてはまる数を答えましょう。

❶ 190秒＝□分□秒　　❷ 2分30秒＝□秒

**4** 次の計算をしましょう。

❶ 30分＋2時間40分　（　　）

❷ 2時間15分＋1時間50分　（　　）

❸ 4時間25分－55分　（　　）

❹ 3時間－50分　（　　）

**5** 次の計算をしましょう。

❶ 25秒＋45秒　（　　）

❷ 3分55秒＋1分20秒　（　　）

❸ 1分35秒－50秒　（　　）

❹ 4分－20秒　（　　）

**6** 北野駅から南山駅まで，電車で1時間35分かかります。3時50分に北野駅を発車する電車は，南山駅に何時何分に着きますか。

（　　）

**7** なつきさんが家から公園まで行きました。はじめに20分歩いて，その後5分走ると，午後2時10分に公園に着きました。なつきさんが家を出た時こくは何時何分ですか。

（　　　　　）

**8** Aさんは午前8時37分に家を出て，午後5時13分に帰ってきました。Aさんは，何時間何分外出していたことになりますか。

（　　　　　）

## できたらスゴイ！

**9** はるなさんは，買い物(もの)に行きました。はるなさんの家から店まで25分かかります。

❶ はるなさんは家を出て，とちゅうの公園で弟がテニスの練習(れんしゅう)をしていたので，40分見学をしました。それから店に向(む)かい，店に着いたのは午後3時の5分前でした。はるなさんが家を出たのは何時何分ですか。

（　　　　　）

❷ 店には45分いて家に帰りました。帰りもとちゅうの公園で10分見学をしました。家に着いたのは何時何分ですか。

（　　　　　）

**10** そうたさんは，バスに1時間35分乗(の)って遊園地(ゆうえんち)に行くことになりました。バスは午前6時30分から20分おきに出ています。また，そうたさんの家からバスのていりゅう所(じょ)までは5分かかります。遊園地に午前9時までに着くためには，おそくとも何時何分に家を出ればよいですか。

（　　　　　）

### ヒント

**10** バスの発車時こくは右のようになるよ。
おそくとも，どのバスに乗らなければならないかな。
そのバスに乗るためには，おそくとも何時何分に家を出ればよいかな。

6時30分，6時50分，
7時10分，7時30分，7時50分，
8時10分，8時30分，8時50分，
……

答え▶5ページ

# 4 3けたの数のたし算とひき算

2けたのときと同じように，位(くらい)をそろえて書いて，筆算(ひっさん)で計算しよう！

## れい題1 3けたの数のたし算の筆算

筆算でしましょう。

① 384＋253　　② 659＋872

**とき方** たし算の筆算は，3けたになっても，位をたてにそろえて書いて，一の位からじゅんに計算します。くり上がりに気をつけて計算しましょう。

①

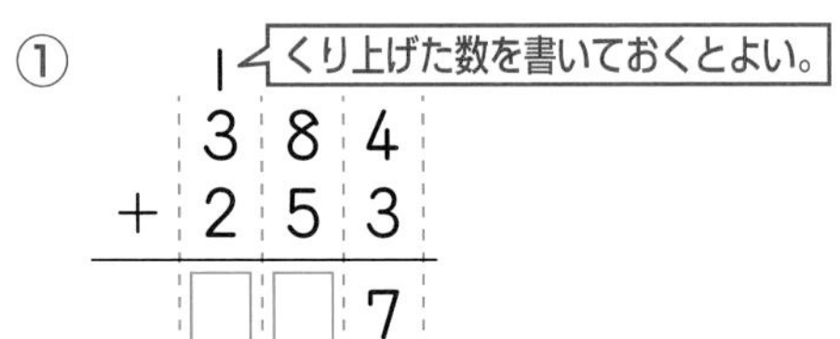


②

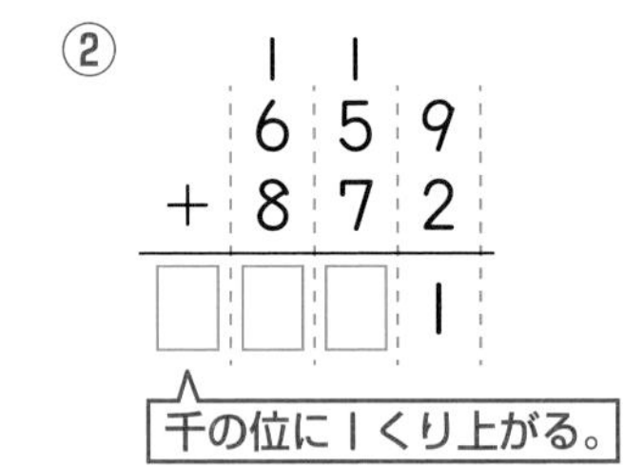

**1** たし算をしましょう。

❶ $\begin{array}{r} 129 \\ +456 \\ \hline \end{array}$　❷ $\begin{array}{r} 572 \\ +238 \\ \hline \end{array}$　❸ $\begin{array}{r} 396 \\ +307 \\ \hline \end{array}$

❹ $\begin{array}{r} 364 \\ +795 \\ \hline \end{array}$　❺ $\begin{array}{r} 687 \\ +537 \\ \hline \end{array}$　❻ $\begin{array}{r} 835 \\ +469 \\ \hline \end{array}$

**2** 筆算でしましょう。

❶ 506＋326　　❷ 718＋193

❸ 49＋675　　❹ 372＋28

❺ 837＋994　　❻ 489＋551

ローマ数字で，「Ⅵ」は，Ⅴ(5)にⅠ(1)をたした「6」を表（あらわ）すよ。「Ⅶ」は5に2をたして「7」，「Ⅷ」は5に3をたして「8」だね。右がわに小さな数字をつけると，たし算なんだね。

## れい題2　3けたの数のひき算の筆算

筆算でしましょう。

① 571－246　　② 605－138

**とき方**　ひき算の筆算は，3けたになっても，位をたてにそろえて書いて，一の位からじゅんに計算します。くり下がりに気をつけて計算しましょう。

①

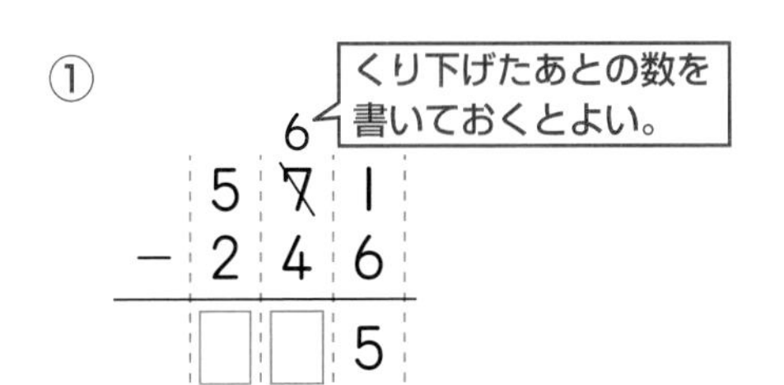


②

はじめに百の位から十の位に1くり下げ，次（つぎ）に十の位から一の位に1くり下げる。

```
  5 9
    10
  6 0 5
− 1 3 8
────────
  □ □ 7
```

答え □

答え 

## 3 ひき算をしましょう。

❶ $\begin{array}{r} 719 \\ -345 \\ \hline \end{array}$　❷ $\begin{array}{r} 826 \\ -278 \\ \hline \end{array}$　❸ $\begin{array}{r} 930 \\ -451 \\ \hline \end{array}$

❹ $\begin{array}{r} 460 \\ -163 \\ \hline \end{array}$　❺ $\begin{array}{r} 641 \\ -547 \\ \hline \end{array}$　❻ $\begin{array}{r} 704 \\ -289 \\ \hline \end{array}$

## 4 筆算でしましょう。

❶ 328－149　　❷ 864－568

❸ 511－433　　❹ 905－106

❺ 652－89　　❻ 203－67

答え▶6ページ

# 4 3けたの数のたし算とひき算

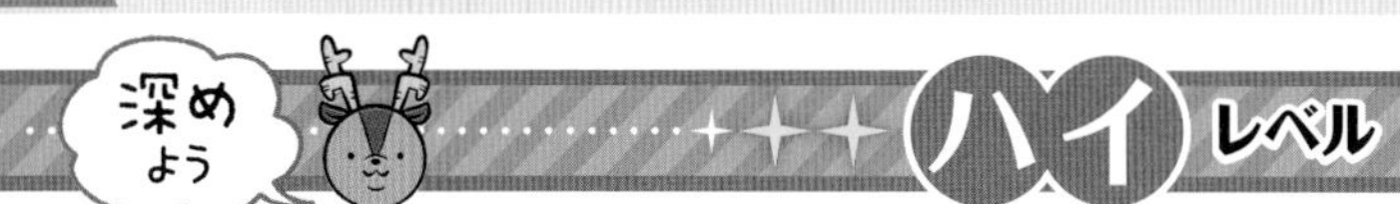


けた数がちがうときも位をそろえて書いて計算するよ。文章題にもちょうせんしてみよう！

**1** 筆算でしましょう。

❶ 823＋78　　❷ 584＋819

❸ 626＋395　　❹ 907＋93

**2** 筆算でしましょう。

❶ 702－609　　❷ 506－497

❸ 900－94　　❹ 1000－251

❺ 1000－88　　❻ 1000－902

**3** たし算をしましょう。

❶
$$\begin{array}{r} 139 \\ 264 \\ +523 \\ \hline \end{array}$$

❷
$$\begin{array}{r} 478 \\ 346 \\ +637 \\ \hline \end{array}$$

**4** 子ども会で，牛にゅうパックを，先月は245こ，今月は487こ集めました。あわせて何こ集めましたか。

**式**

**答え**（　　　　　）

**5** 今日の科学館の入館者数は852人で，そのうち，おとなは396人でした。子どもは何人でしたか。

**式**

**答え**（　　　　　）

**6** 図書室の絵本は238さつで，物語(ものがたり)の本は，それより62さつ多いです。物語の本は何さつありますか。

**式**

**答え**（　　　　）

**7** 紙テープが600cmありました。工作に使(つか)ったら，のこりが43cmになりました。工作に使ったのは何cmですか。

**式**

**答え**（　　　　）

## できたらスゴイ！

**8** ゆうとさんは，1000円持(も)っています。これは，妹が持っているお金より354円多いそうです。妹は何円持っていますか。

**式**

**答え**（　　　　）

**9** ももかさんが，算数ドリルの問題(もんだい)のうち758問をといたら，のこりは247問になりました。この算数ドリルの問題は，全部(ぜんぶ)で何問ですか。

**式**

**答え**（　　　　）

**10** あおいさんの家から駅(えき)までは530mあります。今日は，家から図書館に本を返(かえ)しに行き，図書館から駅に向(む)かったので，歩いた道のりは325m多くなりました。図書館から駅までの道のりが470mのとき，家から図書館までは何mですか。

**式**

**答え**（　　　　）

**11** ある数に416をたすところを，まちがって416をひいてしまったので，答えが84になりました。正しい答えをもとめましょう。

**式**

**答え**（　　　　）

**ヒント**

**11** まず，ある数をもとめよう。ある数は，84より416大きい数だね。
その数よりさらに416大きい数が，正しい答えになるよ。

「答えと考え方」を読んでおさらいしよう！

答え▶7ページ

# 5 4けたの数のたし算とひき算

けた数が多くなっても，たし算とひき算が筆算(ひっさん)でできるようになろう！

## れい題1 4けたの数のたし算の筆算

筆算でしましょう。

① 2158＋3769　　　② 6936＋547

**とき方** たし算の筆算は，けた数が多くなっても，位(くらい)をたてにそろえて書いて，一の位からじゅんに計算します。くり上がりに注意(ちゅうい)しましょう。

①

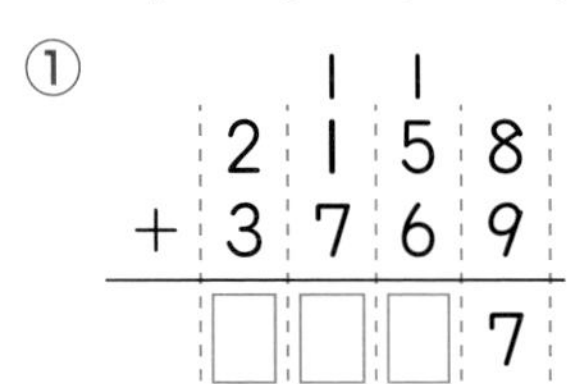


②

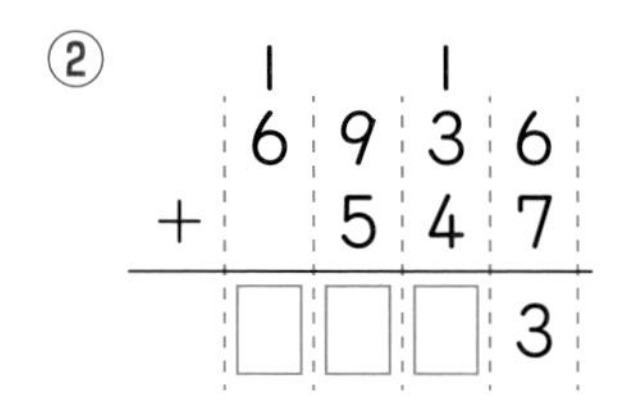


答え ＿＿＿　　答え ＿＿＿

**1** たし算をしましょう。

❶
```
  5025
+1473
```

❷
```
  4682
+2135
```

❸
```
  3249
+5836
```

❹
```
  1986
+6754
```

**2** 筆算でしましょう。

❶ 4607＋3295　　❷ 5368＋2641

❸ 1526＋3478　　❹ 6845＋329

❺ 567＋4793　　❻ 8136＋85

学習した日　　　月　　　日

ローマ数字で，４は「Ⅳ」，９は「Ⅸ」になるよ。今度(こんど)は小さな数字が左がわについているね。４はⅤ(５)からⅠ(１)をひいたもの，９はⅩ(10)から１をひいたものだね。左につけると，ひき算なんだね。

## れい題２　４けたの数のひき算の筆算

筆算でしましょう。

① 4397－1568　　　② 6402－5839

**とき方**　ひき算の筆算は，けた数が多くなっても，位をたてにそろえて書いて，一の位からじゅんに計算します。くり下がりに注意しましょう。

①

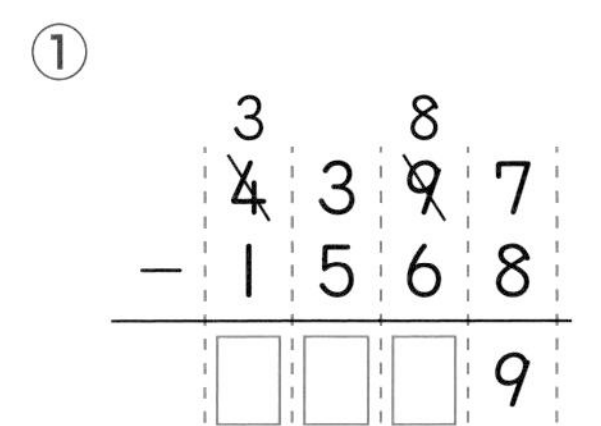


②

9
5 3 10
6 4 0 2
－ 5 8 3 9
□ □ 3

答え □　　　答え □

## 3 ひき算をしましょう。

❶ 8746 － 3621

❷ 7342 － 4195

❸ 5634 － 2936

❹ 9013 － 4287

## 4 筆算でしましょう。

❶ 3679－1692　　　❷ 4295－3826

❸ 1753－978　　　❹ 6154－739

❺ 7401－2685　　　❻ 8029－5956

答え▶7ページ

# 5 4けたの数のたし算とひき算

深めよう ハイレベル

4けたのたし算とひき算を使(つか)って，いろいろな問題(もんだい)をといてみよう。

**1** 筆算(ひっさん)でしましょう。

❶ 3517＋2484　❷ 5308＋1692

❸ 8243＋759　❹ 2905＋95

**2** 筆算でしましょう。

❶ 5086－3287　❷ 9002－2179

❸ 6003－5504　❹ 7000－6982

❺ 4064－598　❻ 3001－76

**3** □にあてはまる数をもとめましょう。

❶ □＋2617＝5929　❷ 5482＋□＝7483

❸ 6437－□＝2114　❹ □－5813＝3187

**4** 1125円の本と738円の絵の具(ぐ)を買って，2000円出しました。おつりはいくらですか。

式(しき)

答え（　　　　）

**5** あきかん拾(ひろ)いで，今年，3年生は1983こ，4年生は3年生より568こ多く拾いました。3年生と4年生で，あわせて何こ拾いましたか。

**式**

**答え**（　　　　）

**6** 赤いテープの長さは1850cmです。青いテープは赤いテープより295cm短(みじか)く，白いテープより1090cm長いそうです。白いテープの長さは何cmですか。

**式**

**答え**（　　　　）

## できたらスゴイ！

**7** 計算をしましょう。

❶
$$\begin{array}{r} 27465 \\ +51549 \\ \hline \end{array}$$

❷
$$\begin{array}{r} 41378 \\ +\ \ 8724 \\ \hline \end{array}$$

❸
$$\begin{array}{r} 62583 \\ -39185 \\ \hline \end{array}$$

❹
$$\begin{array}{r} 53061 \\ -43297 \\ \hline \end{array}$$

**8** はるなさんと弟は，それぞれのおこづかいを持(も)って買い物(もの)に行きました。はるなさんは2640円，弟は1520円使ったところ，のこったお金は，はるなさんのほうが860円多くなりました。

❶ はるなさんは，弟より何円多く使いましたか。

**式**

**答え**（　　　　）

❷ はるなさんがはじめに持っていたおこづかいは，弟より何円多かったですか。

**式**

**答え**（　　　　）

**ヒント**

**8** ❷ はるなさんが弟より多く使った金がくと，のこったお金のちがいをあわせた分だけ，はるなさんが持っていたおこづかいが多かったことになるよ。

# 思考力育成問題

答え▶8ページ

品物が買えるか買えないかをかんたんな方ほうで調べる問題だよ。

## 買えるか買えないかを考えよう！

次のまりえさんの算数の家庭学習ノートを見て，あとの問題に答えましょう。

〈じゅ業のふく習〉

問題 右の表を見て答えましょう。

(1) 400円で，キウイとなしを1こずつ買えますか。

(2) 600円で，りんごとパイナップルを1こずつ買えますか。

くだものⅠこのねだん(円)

|  |  |
|---|---|
| キウイ | 98 |
| かき | 108 |
| りんご | 218 |
| なし | 298 |
| パイナップル | 438 |
| メロン | 598 |

答え

(1) 98円のキウイは，100円で ① 。

298円のなしは，300円で ② 。

それぞれ，100円と300円で ③ から，

キウイとなし1こずつは，400円で ④ 。

(2) 218円のりんごは，200円で ⑤ 。

438円のパイナップルは，400円で ⑥ 。

それぞれ，200円と400円で ⑦ から，

りんごとパイナップル1こずつは，600円で ⑧ 。

〈自主学習〉

問題 右上の表を見て答えましょう。

(1) 700円で，かきとりんごとパイナップルを1こずつ買えますか。

(2) 1000円で，キウイとなしとメロンを1こずつ買えますか。

答え

(1) ⑨

(2) ⑩

〈感想〉

1この品物が100円玉何まいで買えるかを考えると，品物が3このときでも，買えるか買えないかがかんたんにわかるので，べんりです。
この考え方を，自分が買い物をするときに使ってみたいと思います。

❶ ①～⑧にあてはまることばを書きましょう。

①（　　　　）②（　　　　）
③（　　　　）④（　　　　）
⑤（　　　　）⑥（　　　　）
⑦（　　　　）⑧（　　　　）

❷ 次の□に数やことばをあてはめて，⑨をかんせいさせましょう。

108円のかきは，100円で買えません。
□円のりんごは，□円で買えません。
□円のパイナップルは，□円で買えません。
それぞれ，□円と□円と□円で買えないから，かきとりんごとパイナップルは700円で□。

❸ ⑩にあてはまる文を書きましょう。

［　　　　　　　　　　］

**ヒント**

❶ 買えるか買えないかを考えよう。
❷ 108円のかきは100円玉1まいで買えないね。りんごとパイナップルのねだんは，それぞれ100円玉何まい分に近いかな。
❸ ❷をさんこうにしよう。〈じゅ業のふく習〉(1)の答えもさんこうになるよ。

答え▶9ページ

# 6 10000より大きい数

10000より大きい数のしくみや大小を考えよう！

たしかめよう 標準レベル

## れい題1 大きい数のしくみ

次(つぎ)の数を数字で書きましょう。

① 千万を3こ，百万を7こ，十万を4こあわせた数

② 1000を52こ集(あつ)めた数

とき方 一万より大きい数は，下のような位取(くらいど)りの表(ひょう)で考えます。

①

| 3 | □ | □ | 0 | 0 | 0 | 0 | 0 |
|---|---|---|---|---|---|---|---|
| 千万の位 | 百万の位 | 十万の位 | 一万の位 | 千の位 | 百の位 | 十の位 | 一の位 |

たいせつ
千万を10こ集めた数を一億(おく)といい，100000000（1億）と書きます。

答え □

②

| 千 | 百 | 十 | 一 | 千 | 百 | 十 | 一 |
|---|---|---|---|---|---|---|---|
| | | | 万 | | | | |
| | | | □ | □ | 0 | 0 | 0 |

1000をもとにして，数の大きさを考えます。

答え □

**1** □にあてはまる数を書きましょう。

❶ 60820000は，千万を□こ，十万を□こ，一万を□こあわせた数です。

❷ 970000は，千を□こ集めた数です。

## れい題2 大きい数の大小

次の□にあてはまる不等号(ふとうごう)を答えましょう。

① 27400□26900　　② 9000万□1億

とき方 >，<の記号(きごう)を不等号といい，＝の記号を等号といいます。

① 上の位からじゅんに数字をくらべます。□の位は同じで，□の位は7と6だから，□のほうが大きいです。　答え □

② 9000万は1000万を□こ集めた数，1億は1000万を□こ集めた数です。　答え □

**2** 次の□にあてはまる不等号を書きましょう。

❶ 14305 □ 14350　　❷ 1010000 □ 980000

学習した日　　月　　日

物知り算数豆ちしき

0，1，2，3，4，5，6，7，8，9の，10このまとまりで数を表す方法を，「10進法」というよ。あたり前のように使っているけれど，数の表し方の1つなんだね。

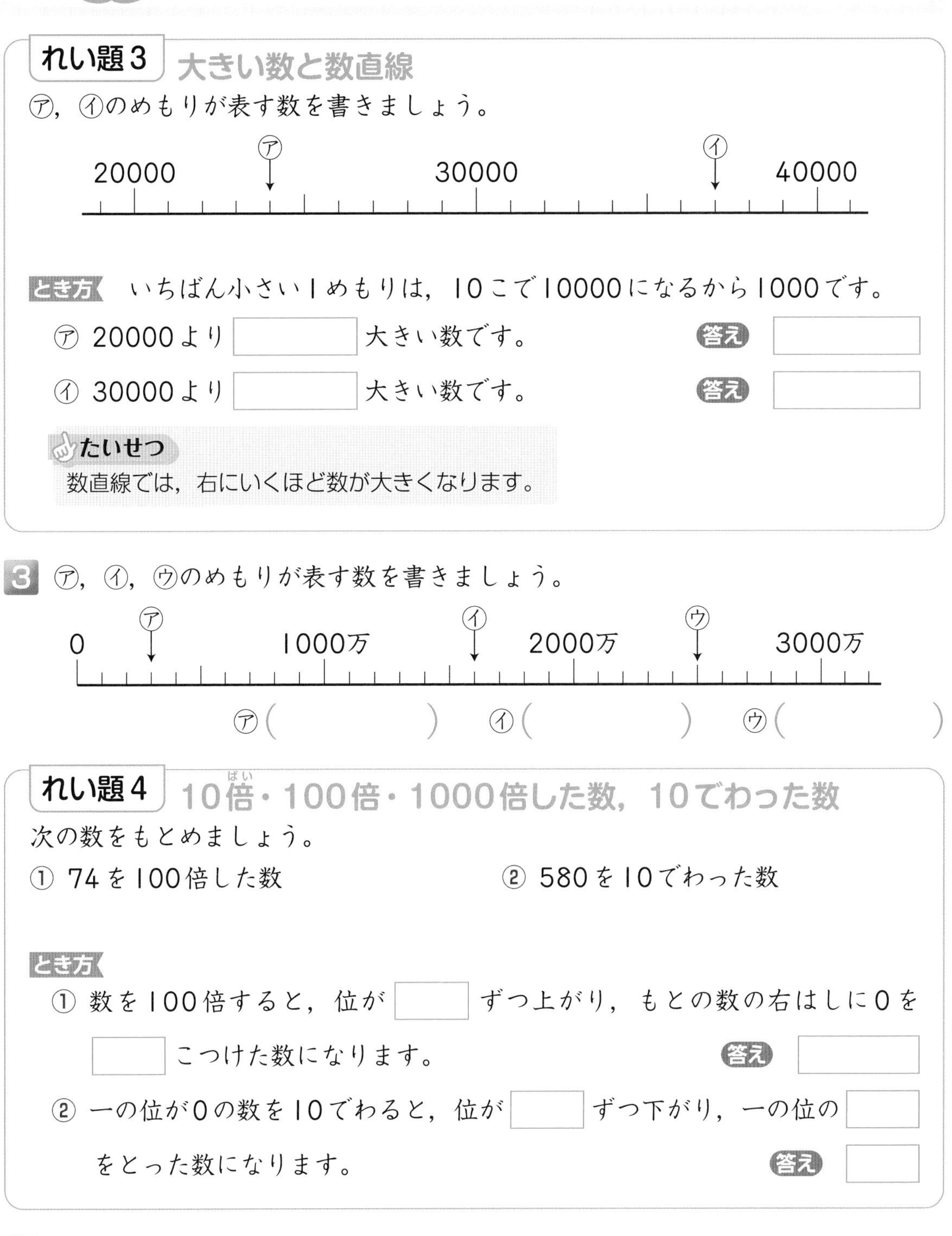

## れい題3　大きい数と数直線

㋐，㋑のめもりが表す数を書きましょう。

20000　30000　40000

とき方　いちばん小さい1めもりは，10こで10000になるから1000です。

㋐ 20000より［　］大きい数です。　答え［　］

㋑ 30000より［　］大きい数です。　答え［　］

たいせつ
数直線では，右にいくほど数が大きくなります。

**3** ㋐，㋑，㋒のめもりが表す数を書きましょう。

0　1000万　2000万　3000万

㋐（　　）　㋑（　　）　㋒（　　）

## れい題4　10倍・100倍・1000倍した数，10でわった数

次の数をもとめましょう。

① 74を100倍した数　　② 580を10でわった数

とき方

① 数を100倍すると，位が［　］ずつ上がり，もとの数の右はしに0を［　］こつけた数になります。　答え［　］

② 一の位が0の数を10でわると，位が［　］ずつ下がり，一の位の［　］をとった数になります。　答え［　］

**4** 次の計算をしましょう。

❶ $630 \times 10$　　❷ $405 \times 100$

❸ $78 \times 1000$　　❹ $2000 \div 10$

答え▶9ページ

# 6 10000より大きい数

深めよう ハイレベル

大きい数をいろいろな見方で考えてみよう！大きい数の計算もできるかな？

**1** 次の数を数字で書きましょう。

❶ 八十五万四百七 (　　　)　❷ 三千九百六十万千八百 (　　　)

**2** 20040790を漢字で書きましょう。

(　　　)

**3** 99600000について答えましょう。

❶ 1000を何こ集めた数ですか。 (　　　)

❷ あといくつで1億になりますか。 (　　　)

**4** 次の□にあてはまる数を書きましょう。

❶ □は，1000万を7こ，100万を5こ，1万を2こあわせた数です。

❷ 100万を48こ集めた数は，□です。

❸ 10万を59こと，1000を3こあわせた数は，□です。

❹ 1億は，100万を□こ集めた数です。

**5** 次の□にあてはまる不等号を書きましょう。

❶ 308000 □ 38000　❷ 6697万 □ 6710万

❸ 900万 □ 4000万　❹ 1億 □ 9990万

**6** 下の数直線について答えましょう。

❶ ㋐，㋑，㋒のめもりが表す数を書きましょう。

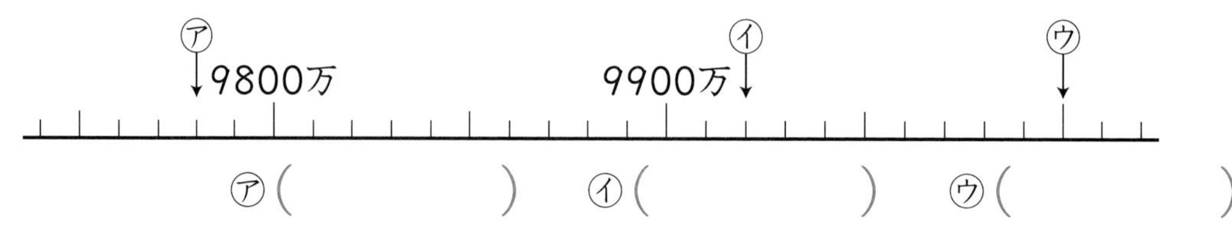


㋐ (　　　)　㋑ (　　　)　㋒ (　　　)

❷ 9950万を表すめもりに↓をつけましょう。

**7** 次の計算をしましょう。

❶ 6000＋5000　　❷ 13000－9000

❸ 57万＋8万　　❹ 8200万－4300万

**8** 次の□にあてはまる等号，不等号を書きましょう。

❶ 6000 □ 2000＋3000　　❷ 50000 □ 80000－20000

❸ 9万－4万 □ 5万　　❹ 700万－300万 □ 300万

**9** 次の計算をしましょう。

❶ 5070×100　　❷ 82000×1000

❸ 20600÷10　　❹ 90000000÷10

**できたらスゴイ！**

**10** 次の□にあてはまる数を書きましょう。

❶ 74000は，□より40大きい数を100倍（ばい）した数です。

❷ 6900を□倍した数は，7000000より100000小さい数です。

**11** 38000について，□にあてはまる数を書きましょう。

❶ 38000は，50000より□小さい数です。

❷ 38000は，□を380こ集めた数です。

**12** 運動会（うんどうかい）のじゅんびのために，1mが1417円のロープを100m買いました。代金（だいきん）は何円になりますか。

式（しき）

答え（　　　　）

**ヒント**

12 1mが1417円のロープ100mの代金は，1417円の100倍になるよ。

答え▶10ページ

# 7 長さの表し方

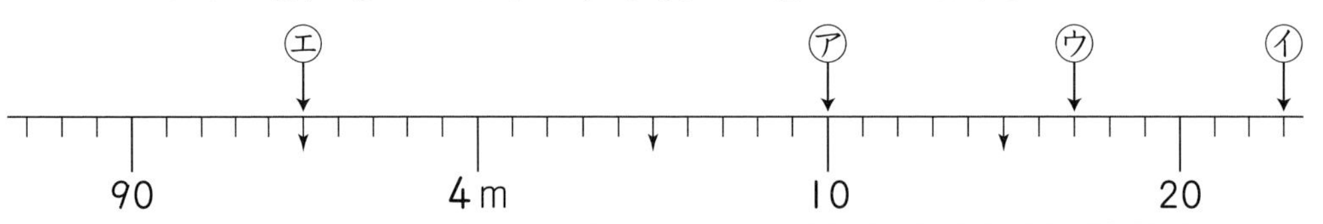


1km＝1000mを使って，長さやきょりをもとめられるようになろう！

## れい題1 まきじゃく

下のまきじゃくの㋐，㋑のめもりが表す長さを書きましょう。

（まきじゃくの図：㋓，㋐，㋒，㋑ のめもり／90，4m，10，20）

**とき方** 長いものやまるいものの長さをはかるには，まきじゃくを使うとべんりです。90や10のたんいはcmだから，小さい1めもりは1cmを表しています。

㋐ 4mより［　　］cm長い長さです。 答え［　　］

㋑ 4mより［　　］cm長い長さです。 答え［　　］

**1** 上のまきじゃくの㋒，㋓のめもりが表す長さを書きましょう。

㋒（　　　　） ㋓（　　　　）

**2** 次の中から，まきじゃくではかるとよいものをえらんで，記号で答えましょう。

㋐ つくえのたての長さ　㋑ 図かんのあつさ　㋒ プールのたての長さ

（　　）

## れい題2 kmとmのかん係

□にあてはまる数を答えましょう。

① 4km＝□m　② 7300m＝□km□m

**とき方** 1000mを1キロメートルといい，1kmと書きます。

① 1km＝［　　］mだから，4km＝［　　］m 答え［　　］m

② 7000mと300mに分けます。1000m＝［　　］kmで，7000mは1000mの［　　］つ分だから，［　　］kmです。 答え［　　］km［　　］m

**3** ［　　］にあてはまる数を書きましょう。

❶ 8km＝［　　］m　❷ 6000m＝［　　］km

❸ 5km100m＝［　　］m　❹ 2900m＝［　　］km［　　］m

学習した日　　　月　　　日

数字の表し方は，10進法だけではないよ。たとえば，2進法は0と1の2つの数字で表されて，3進法は0，1，2の3つの数字で表されるよ。

## れい題3　きょりと道のり

右の地図を見て，次の問題に答えましょう。

① みおさんの家から学校までのきょりをもとめましょう。

② みおさんの家から学校までの道のりをもとめましょう。

③ みおさんの家から学校までのきょりと道のりのちがいをもとめましょう。

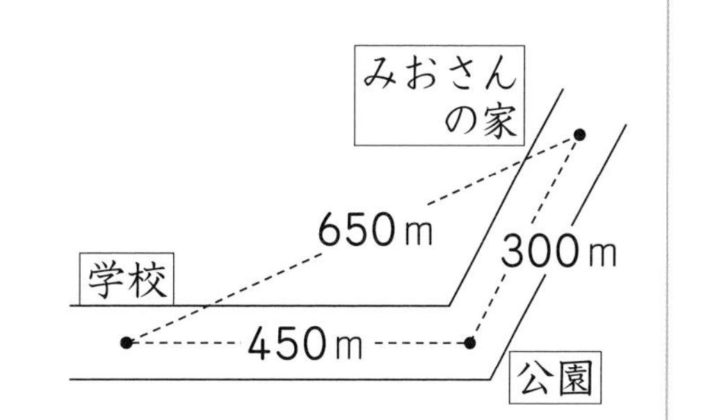


**とき方**

① まっすぐにはかった長さをきょりといいます。　答え［　　　］

② 道にそってはかった長さを道のりといいます。みおさんの家から公園までの道のりと，公園から学校までの道のりをたして，

300m＋［　　　］m＝［　　　］m　答え［　　　］

③ ちがいは，ひき算でもとめます。

［　　　］m－［　　　］m＝［　　　］m　答え［　　　］

**4** 右の地図を見て，次の問題に答えましょう。

❶ かずまさんの家から学校までのきょりをもとめましょう。（　　　）

❷ かずまさんの家から学校までの道のりをもとめましょう。（　　　）

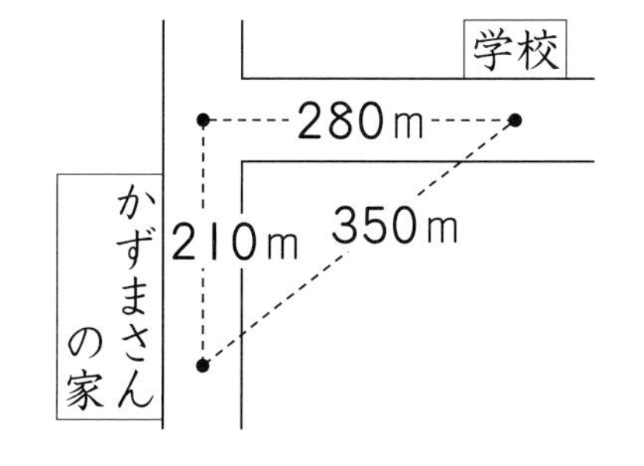


❸ かずまさんの家から学校までのきょりと道のりのちがいをもとめましょう。

（　　　）

**5** （　）にあてはまる長さのたんいを書きましょう。

❶ 自動車の長さ……………………　4(　)　（　　　）

❷ 計算ドリルのあつさ……………　8(　)　（　　　）

❸ ジョギングコースの道のり……　3(　)　（　　　）

❹ くつのサイズ……………………21(　)　（　　　）

答え▶11ページ

# 7 長さの表し方

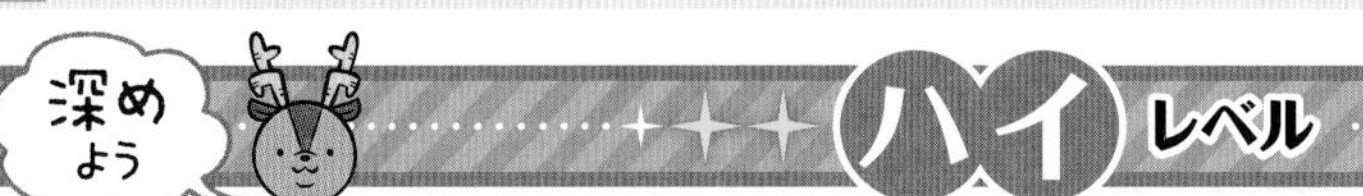


長さは，同じたんいでたしたりひいたりして計算しよう！

**1** 次のものの長さをはかります。㋐，㋑，㋒のどれを使うとべんりですか。記号で答えましょう。

| ㋐ まきじゃく | ㋑ 30cmのものさし | ㋒ 1mのものさし |
|---|---|---|

❶ 算数の教科書のあつさ　（　　　）

❷ ペットボトルのまわりの長さ　（　　　）

❸ つくえの高さ　（　　　）

❹ 電柱と電柱の間の長さ　（　　　）

**2** 下のまきじゃくの㋐，㋑，㋒のめもりが表す長さを書きましょう。

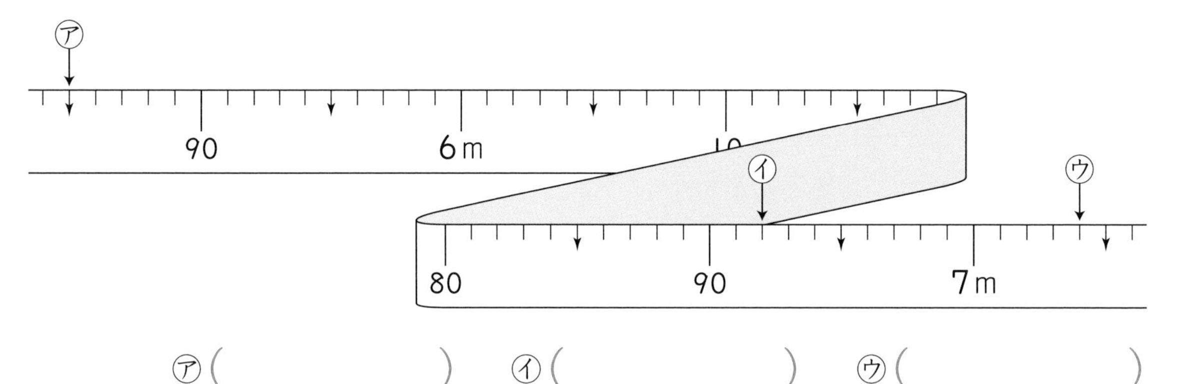


㋐（　　　　）　㋑（　　　　）　㋒（　　　　）

**3** □にあてはまる数を書きましょう。

❶ 7km＝□m

❷ 5000m＝□km

❸ 2km400m＝□m

❹ 9300m＝□km□m

**4** 次の計算をしましょう。

❶ 1km200m＋400m　（　　　）

❷ 1km900m＋600m　（　　　）

❸ 1km−700m　（　　　）

❹ 2km300m−500m　（　　　）

**5** マットの長さを１mのものさしではかったところ，ものさし２回分と40cmありました。このマットの長さは何cmですか。

（　　　　　）

**6** 家から交番まで970m，交番から公園まで860mあります。家から交番の前を通って公園まで行く道のりは何km何mですか。

（　　　　　）

**7** 市役所からゆうびん局へ行くには，病院の前を通ります。市役所からゆうびん局までの道のりは１km100mで，病院からゆうびん局までの道のりは400mです。市役所から病院までの道のりは何mですか。

（　　　　　）

**できたらスゴイ！**

**8** 右の地図を見て，次の問題に答えましょう。

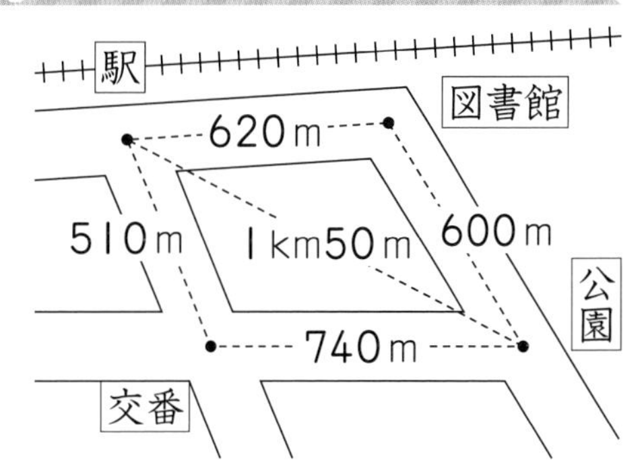


❶ 駅から公園までのきょりは何mですか。

（　　　　　）

❷ 駅から公園まで行くのに，図書館の前を通って行く道のりと，交番の前を通って行く道のりのちがいは何mですか。

（　　　　　）

**9** 北駅，南小学校，東神社，西公園をそれぞれむすぶ道があります。北駅から西公園の前を通って南小学校まで行く道のりは480mで，北駅から東神社の前を通って南小学校まで行く道のりは600mです。また，西公園から南小学校の前を通って東神社まで行く道のりは530mです。西公園から東神社まで行くのに，北駅を通って行く道のりと，南小学校の前を通って行く道のりでは，どちらが何m近いですか。

（　　　　　）の前を通って行くほうが（　　　　　）m近い。

**ヒント**

**9** 右のような地図になるよ。
㋐，㋑，㋒，㋓をあわせた道のりは何mかな。

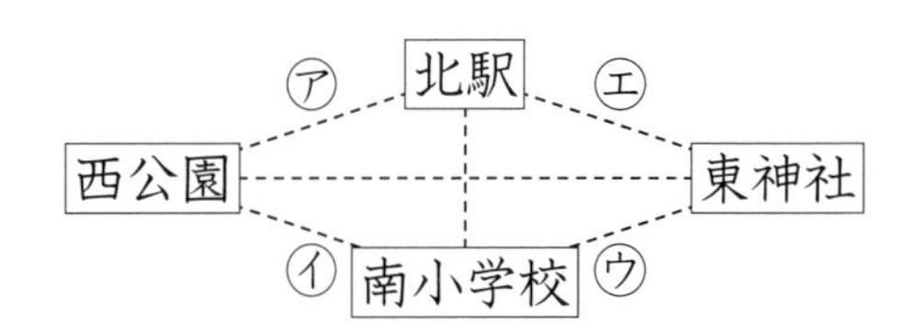

答え▶12ページ

# 8 あまりのあるわり算

わりきれないわり算の答えのもとめ方や答えのたしかめのしかたを学習しよう。

標準レベル

## れい題1 あまりのあるわり算

式を書いて，答えをもとめましょう。

① クッキーが14まいあります。1人に4まいずつ分けると，何人に分けられて，何まいあまりますか。

② あめが15こあります。4人で同じ数ずつ分けると，1人分は何こになって，何こあまりますか。

**とき方** あまりのあるわり算も，わる数のだんの九九を使って答えをもとめます。

① 式は，14÷□　答えは，4のだんの九九を使ってもとめます。

2人に分けると，4×[2]＝ 8 → 6まいあまる

◎3人に分けると，4×[3]＝□ → □まいあまる

4人に分けると，4×[4]＝□ → □まいたりない

**式** 14÷4＝□ あまり□

**答え** □人に分けられて，□まいあまる。

② 式は，15÷□　答えは，4のだんの九九を使ってもとめます。

2こずつ分けると，[2]×4＝ 8 → 7こあまる

◎3こずつ分けると，[3]×4＝□ → □こあまる

4こずつ分けると，[4]×4＝□ → □こたりない

**式** 15÷4＝□ あまり□

**答え** 1人分は□こになって，□こあまる。

**たいせつ**
あまりは，わる数より小さくなるようにします。

**1** 次の計算をしましょう。

❶ 9÷2　❷ 17÷5　❸ 27÷4

❹ 45÷8　❺ 29÷3　❻ 25÷7

❼ 50÷6　❽ 71÷9　❾ 20÷8

**2** 38cmのリボンを7cmずつに切ると，何本できて，何cmあまりますか。

**式**

**答え**（　　　　　　　　）

学習した日　　　月　　　日

コンピューター上では，0と1の2つですべての数を表す，2進法を使うよ。10進法の「2」をコンピューターで表すときは，「2」が使えないから，位が1つ上がって「10」になるんだ。

## れい題2 わり算の答えのたしかめ

いちごが16こあります。1人に3こずつ分けます。

① 何人に分けられて，何こあまりますか。式を書いて，答えをもとめましょう。

② ①のわり算の答えのたしかめをしましょう。

**とき方**

① 16このいちごを3こずつ分けるから，式は，16÷3

答えは，［　　］のだんの九九を使ってもとめます。

3×［4］＝12，3×［5］＝［　　］，3×［6］＝［　　］だから，

［　　］人に分けられて，16－15＝［　　］(こ)あまります。

**式** 16÷3＝［　　］あまり［　　］

**答え** ［　　］人に分けられて，［　　］こあまる。

② 16÷3の答えは，次の式でたしかめられます。

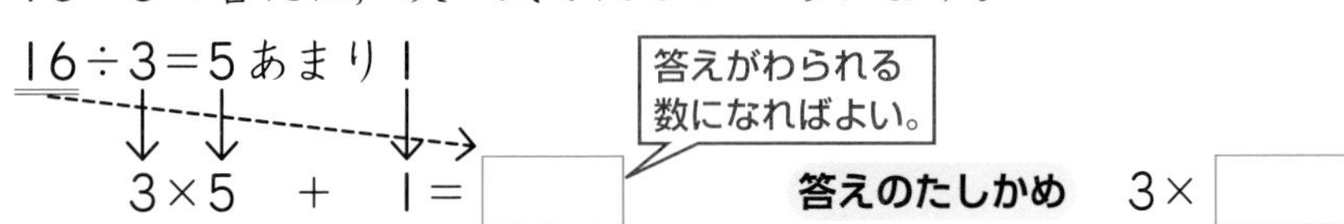


**答えのたしかめ** 3×［　　］＋1＝［　　］

**3** 次の計算をして，答えのたしかめもしましょう。

❶ 19÷4

**答え**（　　　　）
**たしかめ**（　　　　）

❷ 26÷8

**答え**（　　　　）
**たしかめ**（　　　　）

❸ 34÷5

**答え**（　　　　）
**たしかめ**（　　　　）

❹ 52÷9

**答え**（　　　　）
**たしかめ**（　　　　）

**4** りんごが46こあります。6つのふくろに同じ数ずつ分けると，1ふくろは何こになって，何こあまりますか。

**式**

**答え**（　　　　）

答え▶12ページ

# 8 あまりのあるわり算

あまりのあるわり算を使って，いろいろな問題をといてみよう。

**1** 次の計算をしましょう。

❶ 10÷3　❷ 20÷7

❸ 61÷9　❹ 49÷5

❺ 31÷4　❻ 23÷8

❼ 40÷6　❽ 34÷9

❾ 33÷7　❿ 62÷8

**2** 次のわり算の答えのたしかめをして，答えが正しければ○，まちがいがあれば正しい答えを[　　]に書きましょう。

❶ 21÷6＝4あまり3
たしかめ（　　　　）
[　　　　]

❷ 19÷2＝8あまり3
たしかめ（　　　　）
[　　　　]

❸ 20÷3＝6あまり2
たしかめ（　　　　）
[　　　　]

❹ 60÷7＝9あまり3
たしかめ（　　　　）
[　　　　]

**3** 53このあめがあります。

❶ 1箱に8こずつ入れると，何箱できて，何こあまりますか。

式

答え（　　　　）

❷ 7人で同じ数ずつ分けると，1人何こになって，何こあまりますか。

式

答え（　　　　）

**4** ある数を9でわると，答えが「4あまり7」になりました。

❶ ある数はいくつですか。

**式**

**答え**（　　　）

❷ この数を5でわったときの答えをもとめましょう。

**式**

**答え**（　　　）

## できたらスゴイ！

**5** 次の□にあてはまる数を書きましょう。

❶ □÷2=6あまり1

❷ □÷6=9あまり4

❸ 22÷□=5あまり2

❹ 68÷□=7あまり5

**6** 70円で，1まい8円の色紙を買います。できるだけ多く買うことにすると，何まい買うことができますか。また，もう1まい買うには何円たりませんか。

**式**

**答え**（　　　，　　　）

**7** 下の図のように，あるきそくにしたがって，4つのマークをならべました。

♥ ◆ ♣ ♠ ♣ ♥ ♥ ◆ ♣ ♠ ♣ ♥ ♥ ◆ ♣ ♠ ……

❶ 32番目のマークは何ですか。

（　　　）

❷ 53番目までに，♥のマークは何こありますか。

（　　　）

**ヒント**

**7** ❶ マークは，何こかが1セットになってくり返しならんでいるね。32をその数でわったあまりの数から，1セットの何番目のマークになるかわかるよ。

答え▶13ページ

# 9 あまりのあるわり算の問題

あまりのあるわり算の問題で，あまりをどうするかを考えて答えよう。

たしかめよう 標準レベル

## れい題1 1をたして答えにする問題

23人の子どもが，1きゃくの長いすに5人ずつすわっていきます。全員がすわるには，長いすが何きゃくいりますか。式を書いて，答えをもとめましょう。

**とき方** 長いすの数をもとめる式は，23÷5です。

23÷5＝4あまり3

あまりの3は，子ども3人です。

この3人がすわるには，長いすがもう1きゃくひつようだから，4に□をたして，

4＋□＝□

答えは□きゃくになります。

このように，場面によって，あまりの分をどうするかを考えて，1をたして答えにすることがあります。

23人

4きゃく

もう1きゃく

**式** 23÷5＝□あまり□　**答え** □きゃく

**1** 34この荷物を運びます。1回に4こずつ運ぶと，何回で全部運べますか。

**式**

**答え**（　　　　）

**2** ボールが46こあります。このボールを8こずつ箱に入れます。全部のボールを入れるには，箱はいくついりますか。

**式**

**答え**（　　　　）

**3** 57問のクイズを毎日9問ずつとくことにしました。このクイズをすべてとき終わるには，何日かかりますか。

**式**

**答え**（　　　　）

学習した日　　　月　　　日

大昔に中央アメリカで使われていた「マヤ数字」では，20進法で数字を表していたんだって！　0～19のそれぞれを表す数字があって，「20」で位が1つ上がるんだね。

**れい題2** 答えにあまりの分をたさない問題

えん筆が20本あります。6本を1セットにして売ります。6本のセットは何セットできますか。

**とき方**　できるセットの数をもとめる式は，20÷6です。

20÷6＝3あまり2

あまりの2は，えん筆2本です。

この［　　］本では1セットにならないから，

あまりの分は考えません。

答えは［　　］セットになります。

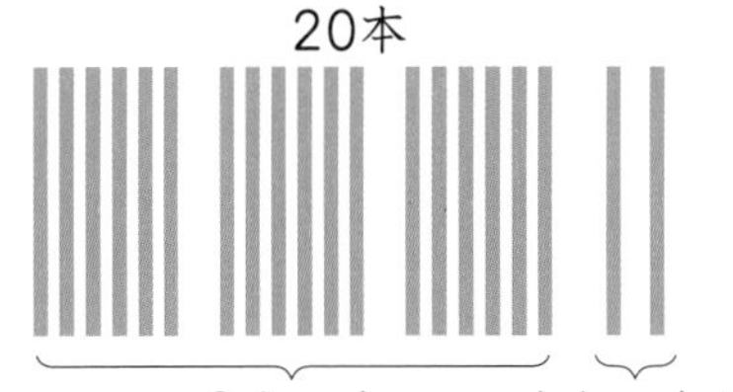


このように，場面によって，あまりの分を入れないで答えにすることがあります。

式　20÷6＝［　　］あまり［　　］　　**答え**［　　］セット

**4** クッキーが38こあります。5こずつふくろに入れて売ります。5こ入りのふくろはいくつできますか。

式

**答え**（　　　　）

**5** 46cmのテープがあります。かざりを1こ作るのに，テープを7cm使います。このテープでかざりを何こ作ることができますか。

式

**答え**（　　　　）

**6** はばが26cmのケースに，あつさが3cmの本を立てて入れていきます。本は何さつ入れることができますか。

式

**答え**（　　　　）

答え▶13ページ

# 9 あまりのあるわり算の問題

わり算のあまりを考えるいろいろな問題をといてみよう。答えに1をたすのはどんな場面かな？

深めよう ハイレベル

1 画用紙1まいから，カードが8まい作れます。カードを37まい作るには，画用紙が何まいいりますか。

式

答え（　　　　）

2 3Lのお茶を，4dLずつコップに入れて配ります。4dL入りのお茶は何人に配ることができますか。

式

答え（　　　　）

3 56さつの本を1回で運びます。1人6さつまで持てるとき，何人いれば1回で全部運べますか。

式

答え（　　　　）

4 5まいのおり紙を使って，1つの花を作ります。おり紙が29まいあるとき，花は何こ作れますか。

式

答え（　　　　）

5 あやかさんは，遊園地のゴーカート乗り場にならんでいます。ゴーカート1台に3人ずつ乗ります。あやかさんが前から22番目のとき，何台目のゴーカートに乗ることができますか。

式

答え（　　　　）

## できたらスゴイ！

**6** みかんを，1つのかごに7こずつ入れていったら，全部を入れるのに5つのかごを使いましたが，5つ目のかごのみかんは3こでした。

❶ みかんは全部で何こありますか。

**式**

**答え**（　　　）

❷ 1つのかごに9こずつ入れるようにすると，9こ入りのかごはいくつできますか。

**式**

**答え**（　　　）

**7** 長いす1きゃくに子どもが6人ずつすわっていくと，8きゃくの長いすにあまりなくすわることができました。1きゃくに5人ずつになるようにすわりなおすと，全員（ぜんいん）がすわるには長いすはあと何きゃくいりますか。

**式**

**答え**（　　　）

**8** 長さが8cmのおもちゃの車40台を，はばが60cmのたなに横（よこ）にならべていきます。

❶ 1だんのたなに，おもちゃの車は何台ならべられますか。

**式**

**答え**（　　　）

❷ 全部のおもちゃの車をならべるには，たなを何だん使いますか。

**式**

**答え**（　　　）

**ヒント**

**8** ❷ 車の台数40台と1だんにならべられる数から考えよう。あまった台数をならべるのに，たながもう1だんひつようだね。

答え▶14ページ

# 10 円と球

標準レベル

円と球のせいしつをおぼえよう！

## れい題1 円のせいしつ

右の図を見て，次の問題に答えましょう。

① ㋐の直線の長さは何cmですか。

② ㋐の直線と㋑のおれ線はどちらが長いですか。
コンパスを使って調べましょう。

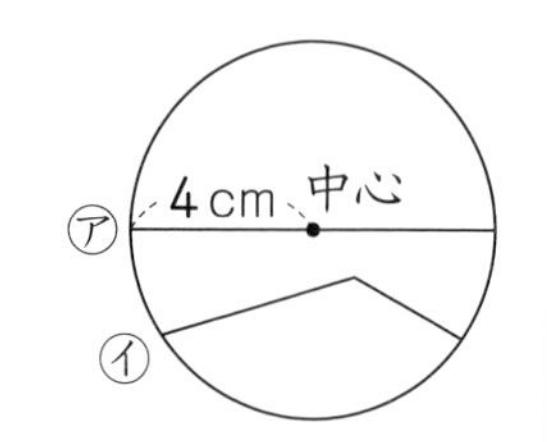


**とき方** 1つの点から長さが同じになるようにかいたまるい形を円，その真ん中の点を円の中心といいます。円はコンパスを使ってかきます。

① ㋐の直線は，円の中心を通るように円のまわりからまわりまでひいた直線だから，円の［　　］です。［　　］の長さは半径の［　　］倍です。

4×［　　］＝［　　］　　**答え**［　　］

② 右の図のように，コンパスを使って，㋐の直線の上に㋑のおれ線の長さをうつしとって長さをくらべると，㋑の2本の直線の長さをたしても，［　　］のほうが長いことがわかります。

㋐

**答え**［　　］

## 1 次の問題に答えましょう。

❶ 右の図で，直線イウ，イエ，イオ，イカのうち，いちばん長い直線はどれですか。

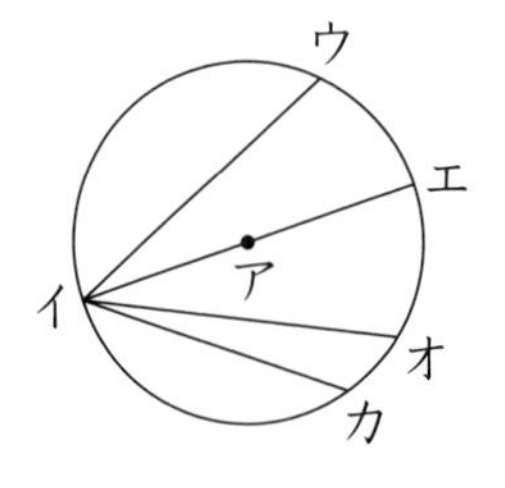


(　　　　)

❷ コンパスを使って，直径が4cmの円をかきましょう。

❷

## 2 右の図で，㋐の直線と㋑のおれ線はどちらが長いですか。

㋐

㋑

(　　　　)

１玉のすいかをほうちょうで切ったとき，どんなにななめに切っても切り口は円になるよ。球を切ったら切り口がかならず円になるんだね。

## れい題２　球のせいしつ

右の図は，球をちょうど半分に切ったものです。

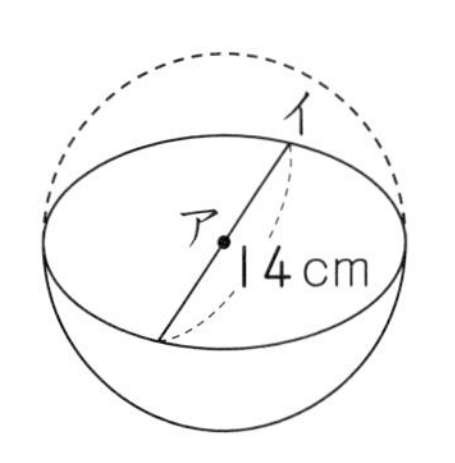


① アの点を球の何といいますか。

② 直線アイの長さは何cmですか。

**とき方**　どこから見ても円に見える形を球といい，球のどこを切っても切り口はいつも円になります。

① 球をちょうど半分に切っているから，アの点は球の［　　］です。

答え［　　］

② 直線アイは，切り口の円の［　　］からまわりまでひいた直線だから，球の

［　　］です。球の［　　］の長さは，直径の半分です。

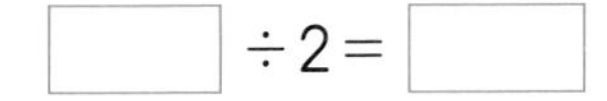
［　　］÷2＝［　　］

答え［　　］

**3** 右の図は，球をちょうど半分に切ったものです。

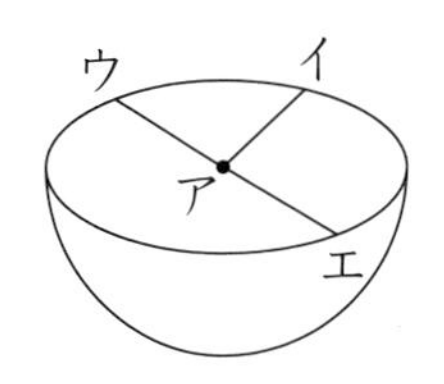


❶ 切り口がいちばん大きくなるのは，球のどこを通るように切ったときですか。

（　　　　）

❷ 直線ウエを，この球の何といいますか。

（　　　　）

❸ 直線アイの長さが8cmのとき，直線ウエの長さは何cmですか。

（　　　　）

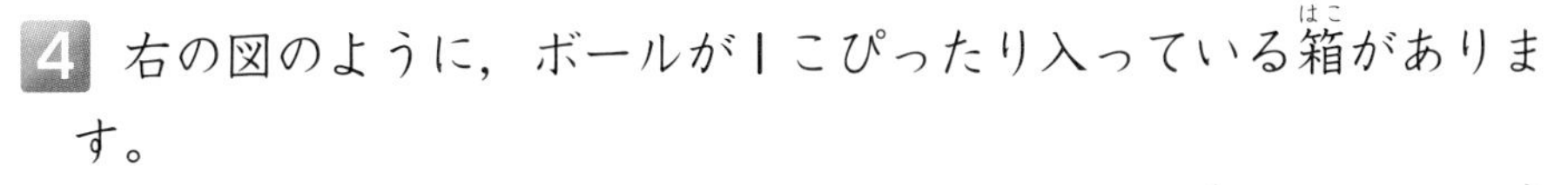
**4** 右の図のように，ボールが１こぴったり入っている箱（はこ）があります。

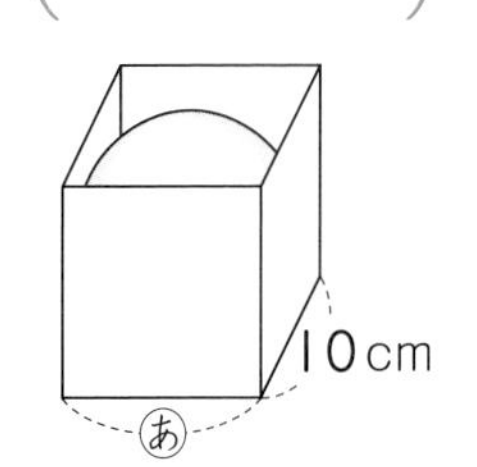


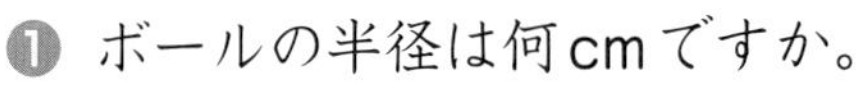
❶ ボールの半径は何cmですか。

（　　　　）

❷ Ⓐの長さは何cmですか。　（　　　　）

答え▶14ページ

# 10 円と球

円と球それぞれの半径と直径の長さのかん係をり用して問題をとこう！

**1** 次の問題に答えましょう。

❶ 半径が12cmの円の直径は何cmですか。

（　　　　）

❷ 直径が18cmの円の半径は何cmですか。

（　　　　）

**2** 次の問題に答えましょう。

❶ 半径が16cmの球の直径は何cmですか。

（　　　　）

❷ 直径が28cmの球の半径は何cmですか。

（　　　　）

❸ 半径が4cm5mmの球の直径は何cmですか。

（　　　　）

**3** 右の図のように，大きい円の中に，同じ大きさの小さい円が2つならんでぴったり入っています。

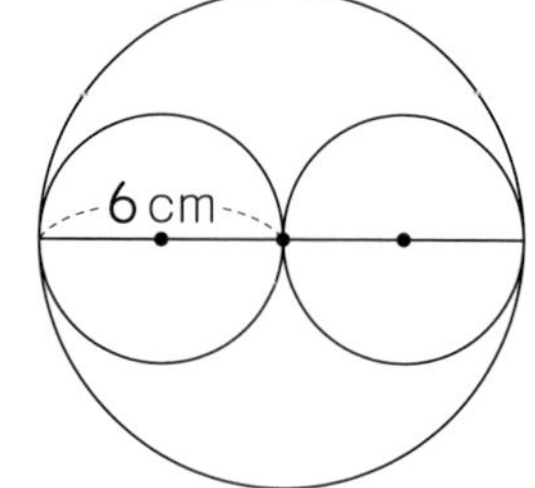


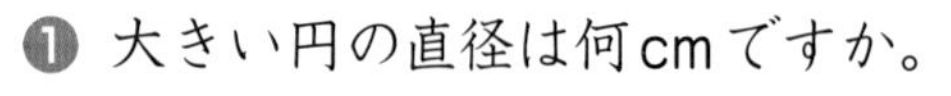

❶ 大きい円の直径は何cmですか。

（　　　　）

❷ 小さい円の半径は何cmですか。

（　　　　）

**4** 右の図のように，同じ大きさの4このボールが箱の中にぴったり入っています。ⓐの長さは80cmです。

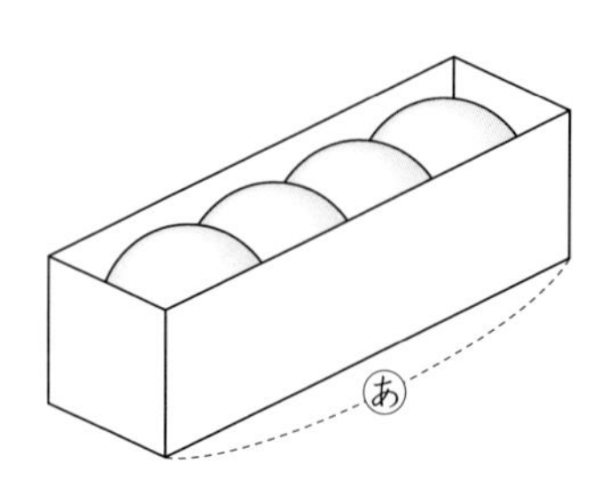


❶ ボールの直径は何cmですか。

（　　　　）

❷ ボールの半径は何cmですか。

（　　　　）

**5** 右の㋐，㋑，㋒の直線の長さをくらべて，短い(みじか)じゅんに記号(きごう)を書きましょう。

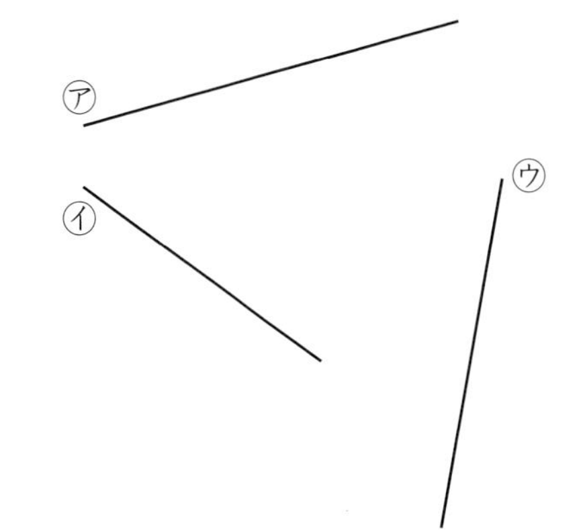


（　→　→　）

**できたらスゴイ！**

**6** 右の図のように，同じ大きさの円を2つかきました。直線アイの長さが12cmのとき，直線ウエの長さは何cmですか。

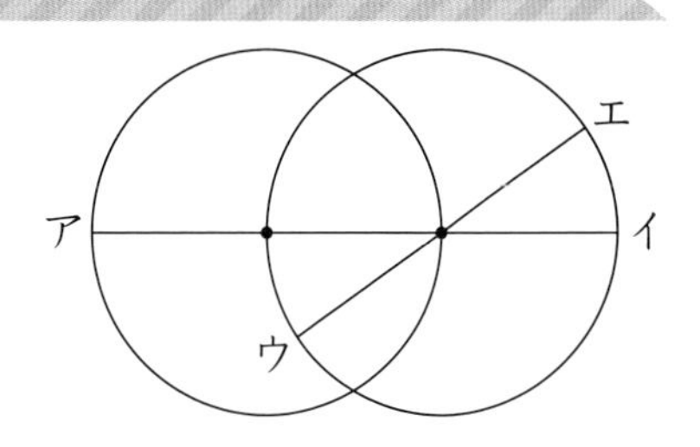


（　　）

**7** 右の図のように，同じ大きさのボールが6こぴったり入っている箱があります。

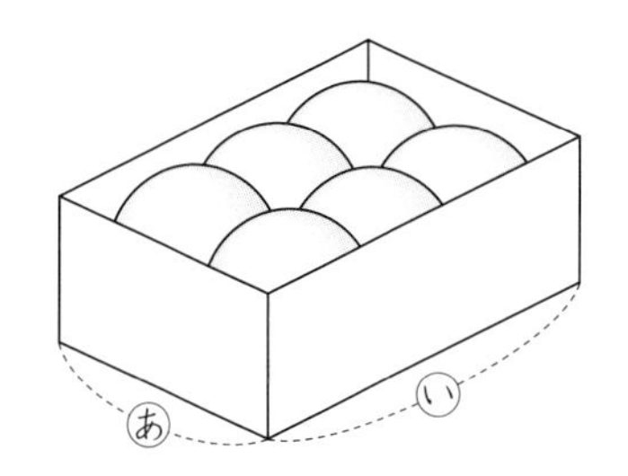


❶ ㋐の長さが22cmのとき，ボールの直径は何cmですか。

（　　）

❷ ㋑の長さが24 cmのとき，㋐の長さは何cmですか。

（　　）

❸ ㋐と㋑をあわせた長さが40cmのとき，ボールの半径は何cmですか。

（　　）

**ヒント**

**7** ㋐の長さは，ボールの直径2つ分の長さと同じだね。
㋑の長さは，ボールの直径いくつ分の長さと同じかな。

# 思考力育成問題

答え▶15ページ

重なりのある長さについて，3人の会話を読んで考える問題だよ。

## 重なりに注目して長さを考えよう！

次の先生とかなさんとれんさんの会話文を読んで，あとの問題に答えましょう。

：1mのものさしを2本つなぐよ。
つなぎめの長さを30cmにすると，
全体の長さは何cmになるかな？
右の図を使ってせつ明しよう。

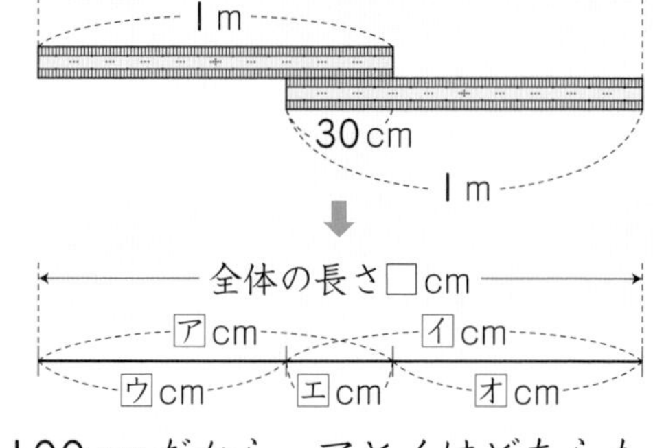

：重なりがないものとして2本のものさしの長さ(アとイ)をたしたあと，重なりの部分(エ)をひきます。1m＝100cmだから，アとイはどちらも100cmで，エが30cmなので，[①]＝200，[②]＝170となり，全体の長さは170cmになります。

：1mのものさしから重なりの部分をひいた長さ(ウ)と，もう1本のものさしの長さをたします。[③]＝70，[④]＝170となり，全体の長さは170cmになります。

：2本のものさしそれぞれから重なりの部分をひいた長さ(ウとオ)をたして，さいごに重なりの部分をたします。ウとオはどちらも70cmだから，[⑤]＝140，[⑥]＝170となり，全体の長さは170cmになります。

：正かいだ，よくできたね！
では，次の問題だよ。120cmのテープに80cmのテープをつないで，テープ全体の長さを175cmにするには，つなぎめの長さを何cmにすればよいかな？
右の図を使ってせつ明しよう。

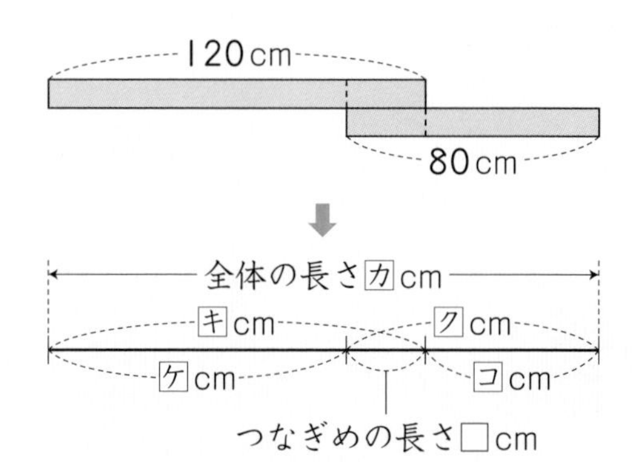

：重なりがないものとして2本のテープの長さ(キとク)をたしたあと，全体の長さ(カ)をひくと，［　⑦　］だから，つなぎめの長さを25cmにします。

：カの長さからキの長さをひいてもとめたコの長さを，クの長さからひくと，［　⑧　］だから，つなぎめの長さを25cmにします。

：カの長さからクの長さをひいてもとめた［　⑨　］［　⑨　］だから，つなぎめの長さを25cmにします。

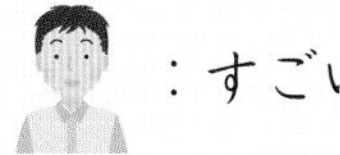

：すごい，かんぺきだ！　図に表すと，長さのかん係がわかりやすいね。

❶ ①〜⑥にあてはまる式を書きましょう。

①(　　　　) ②(　　　　) ③(　　　　)
④(　　　　) ⑤(　　　　) ⑥(　　　　)

❷ 次の□に数，○に＋，－，×，÷をあてはめて，⑦と⑧に入る式をかんせいさせましょう。

⑦　120○□＝□，□○□＝25
⑧　175○□＝□，□○□＝25

❸ ⑨にあてはまる文や式を書きましょう。

［　　　　　　　　　　］

**ヒント**

❶❷ すぐ前に書いてある文章を式に表そう。
❸ かなさんのせつ明をさんこうにしよう。記号と数をかえればいいよ。

答え▶16ページ

# 11 (2けたの数)×(1けたの数)のかけ算

何十，何百のかけ算や，かけ算の筆算(ひっさん)ができるようになろう。

たしかめよう 標準レベル

## れい題1 何十・何百のかけ算，(2けたの数)×(1けたの数)の筆算①

かけ算をしましょう。②，③は筆算でしましょう。

① 30×4　　② 21×3　　③ 47×2

**とき方** ① 10や100をもとにして，九九を使(つか)って計算します。

②③ 位(くらい)をたてにそろえて書いて，一の位からじゅんに計算します。

① 30は，□が3こ。30×4は，□が3×4＝12で，12こだから，

30×4＝□　　**答え** □

②

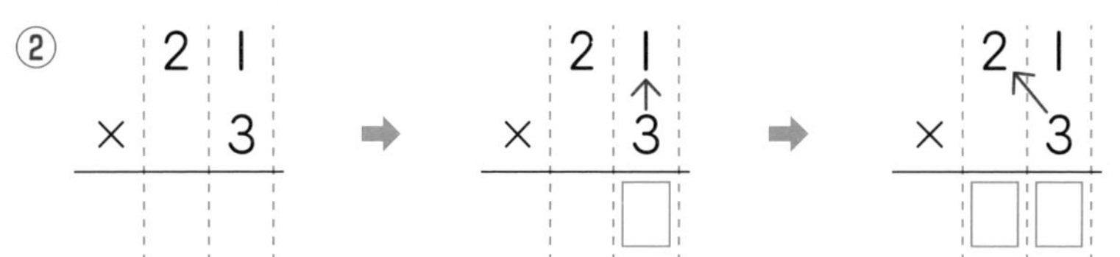

❶ 位をたてにそろえて書く。
❷「三一が3」3を一の位に書く。
❸「三二が6」6を十の位に書く。

**答え** □

③

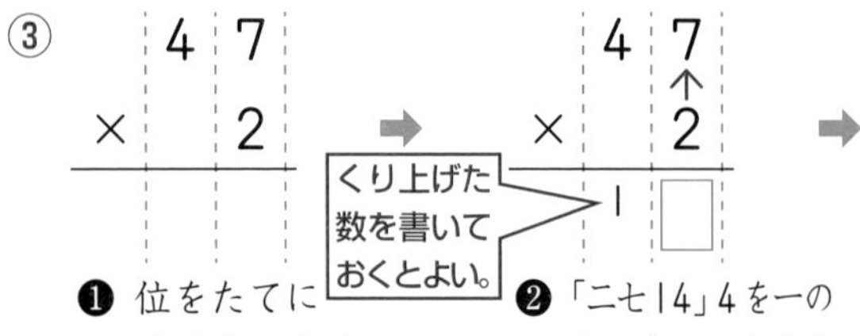

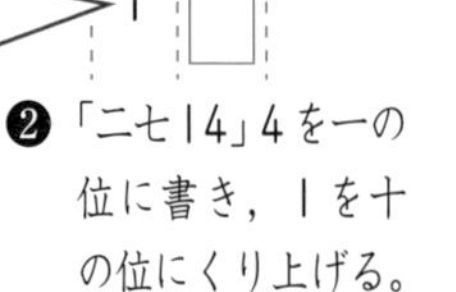


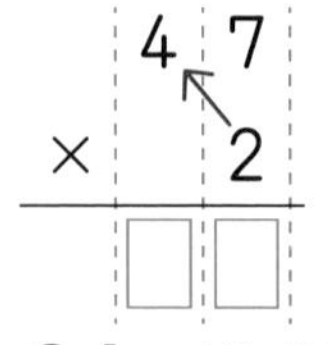

❶ 位をたてにそろえて書く。
❷「二七14」4を一の位に書き，1を十の位にくり上げる。
❸「二四が8」8にくり上げた1をたして9。9を十の位に書く。

**答え** □

## 1 かけ算をしましょう。

❶ 40×7　　❷ 200×4　　❸ 800×6

❹ 11×6　　❺ 24×2　　❻ 33×3

❼ 27×3　　❽ 14×7　　❾ 45×2

## 2 38本をたばにした花たばが，2たばあります。花は全部(ぜんぶ)で何本ありますか。

式(しき)

**答え** (　　　　)

「6＋3×4」のように，たし算とかけ算のまざった計算をするときは，先にかけ算をするよ。6＋3×4＝6＋12＝18になるね。「6＋3」を先に計算してしまわないように気をつけよう！

## れい題2　(2けたの数)×(1けたの数)の筆算②

筆算でしましょう。

① 52×4　　② 37×6

**とき方**　くり上がりに気をつけて，一の位からじゅんに計算します。

①

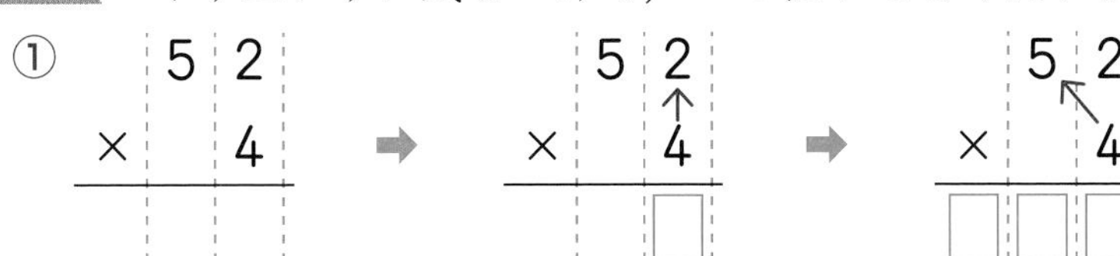


5 2
× 4

❶ 位をたてにそろえて書く。
❷「四二が8」8を一の位に書く。
❸「四五20」0を十の位に，2を百の位に書く。

答え

②

3 6
× 7

3 6
× 7
4

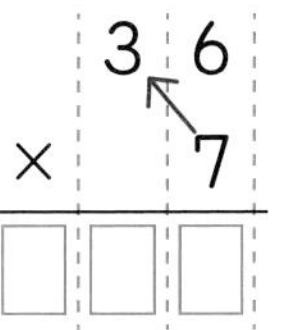


くり上げた数を書いておくとよい。

❶ 位をたてにそろえて書く。
❷「七六42」2を一の位に書き，4を十の位にくり上げる。
❸「七三21」21にくり上げた4をたして25。5を十の位に，2を百の位に書く。

答え

## 3 かけ算をしましょう。

❶ 21×7　❷ 63×2　❸ 90×8

❹ 46×3　❺ 57×5　❻ 78×9

## 4 筆算でしましょう。

❶ 74×2　❷ 83×3　❸ 31×9

❹ 42×7　❺ 95×6　❻ 69×8

答え▶16ページ

## 11 (2けたの数)×(1けたの数)のかけ算

(2けた)×(1けた)のかけ算の練習をして，いろいろな問題をといてみよう。

**1** かけ算をしましょう。

❶ 30×3　❷ 70×8

❸ 500×6　❹ 900×4

**2** 筆算でしましょう。

❶ 13×2　❷ 22×4　❸ 42×2

**3** 筆算でしましょう。

❶ 12×7　❷ 29×3　❸ 16×6

❹ 49×2　❺ 18×5　❻ 35×2

**4** 筆算でしましょう。

❶ 32×4　❷ 61×7　❸ 53×3

❹ 84×2　❺ 91×5　❻ 70×9

**5** 筆算でしましょう。

❶ 47×3　❷ 53×8　❸ 68×5

❹ 36×9　❺ 76×4　❻ 85×6

**6** 次の問題に答えましょう。

❶ 1こ72円のチョコレートを5こ買うと，代金はいくらになりますか。

式

答え（　　　　）

❷ 1こ38円のガムを8こ買って500円出すと，おつりはいくらですか。

式

答え（　　　　）

**7** 本を，毎日24ページずつ読むと，1週間では何ページ読めますか。

式

答え（　　　　）

## できたらスゴイ！

**8** 次の□にあてはまる数を答えましょう。

❶
```
   [ア] 3
×     [イ]
---------
 2 [ウ] 8
```

❷
```
  [ア][イ]
×       9
---------
 [ウ] 1 3
```

❸
```
    3 [ア]
×       8
---------
 [イ] 9 [ウ]
```

**9** 池のまわりに29mおきに木を植えると，ちょうど6本植えることができました。この池のまわりの長さは何mですか。

式

答え（　　　　）

**10** 1本の長いテープから，46cmのテープを9本切り取りました。のこったテープを4等分すると，1本の長さは17cmになりました。はじめのテープの長さは何m何cmですか。

式

答え（　　　　）

**ヒント**

10 はじめのテープの長さは，切り取ったテープとのこったテープの長さをあわせた長さになるよ。のこったテープの長さは17cmの4本分だね。

答え▶17ページ

# 12 (3けたの数)×(1けたの数)のかけ算

(3けた)×(1けた)の筆算のしかたや，かけ算のきまりを学習しよう。

たしかめよう　標準レベル

## れい題1 (3けたの数)×(1けたの数)の筆算

筆算でしましょう。

① 487×2　　② 576×3

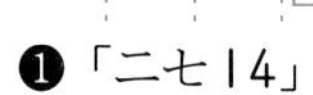

とき方　かけられる数が3けたなっても，筆算のしかたは同じです。

①

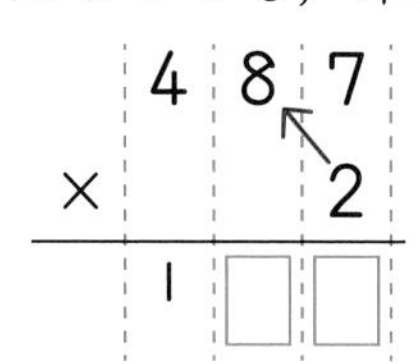

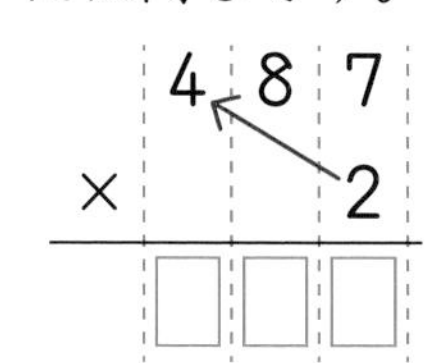

❶「二七14」

❷「二八16」くり上げた1をたして17

❸「二四が8」くり上げた1をたして9

答え

②

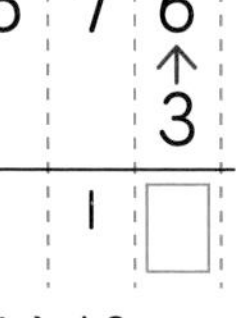

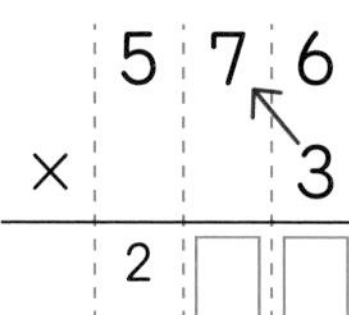

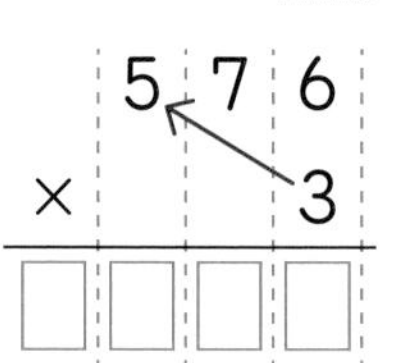

❶「三六18」

❷「三七21」くり上げた1をたして22

❸「三五15」くり上げた2をたして17

答え

**1** かけ算をしましょう。

❶ $\begin{array}{r} 324 \\ \times \quad 2 \\ \hline \end{array}$　❷ $\begin{array}{r} 541 \\ \times \quad 8 \\ \hline \end{array}$　❸ $\begin{array}{r} 765 \\ \times \quad 3 \\ \hline \end{array}$

**2** 筆算でしましょう。

❶ 217×4　❷ 182×3　❸ 479×2

❹ 921×4　❺ 429×3　❻ 708×6

❼ 574×2　❽ 835×7　❾ 676×5

「4÷0」「6÷0」のような，ゼロでわる計算はやってはいけないよ。りんごを何人かに分けることを考えよう。りんごを３人に分けることはできるけれど，０人に分けても意味（いみ）がないのと同じだね。

## れい題２　かけ算のきまり

１こ60円のあめが，１箱（はこ）に３こずつ入っています。２箱買うときの代金（だいきん）を，次（つぎ）の２とおりの考えでもとめましょう。

① １箱のねだんを先にもとめる。

② 全部（ぜんぶ）のあめの数を先にもとめる。

**とき方**　３つの数のかけ算では，かけるじゅんばんをかえても答えは同じです。

① [代金]＝[１箱分のねだん]×[箱の数]と考えます。

60×3＝□…１箱分のねだん

□×2＝□…代金

１つの式（しき）に表（あらわ）すと，(60×3)×□＝□　**答え**　□円

② [代金]＝[あめ１このねだん]×[全部のあめの数]と考えます。

3×2＝□…全部のあめの数

60×□＝□…代金

１つの式に表すと，60×(3×□)＝□　**答え**　□円

①と②の計算の答えはどちらも360で，□になります。

**たいせつ**
３つの数のかけ算では，はじめの２つの数を先にかけても，あとの２つの数を先にかけても，答えは同じになります。（●×▲）×■＝●×（▲×■）

## 3　□にあてはまる数を答えましょう。

❶ (90×2)×2＝90×(2×□)

❷ (70×2)×4＝70×(□×4)

❸ (67×□)×2＝67×(5×2)

❹ (800×3)×□＝800×(3×3)

## 4　くふうして計算しましょう。

❶ 60×3×3

❷ 147×2×5

❸ 374×5×2

❹ 400×4×2

答え▶18ページ

## 12 (3けたの数)×(1けたの数)のかけ算

ハイレベル

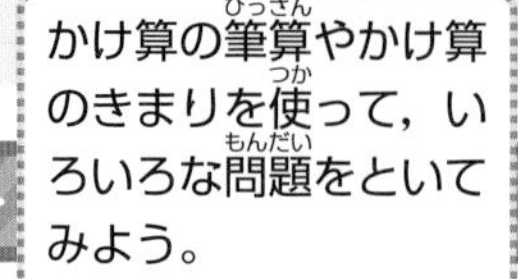


**1** 筆算でしましょう。

❶ 312×3　❷ 124×4　❸ 407×2

❹ 283×3　❺ 376×2　❻ 169×5

❼ 621×4　❽ 704×2　❾ 528×3

❿ 402×9　⓫ 852×3　⓬ 971×6

⓭ 247×8　⓮ 546×9　⓯ 645×8

**2** くふうして計算しましょう。

❶ 538×2×5　❷ 125×2×4

❸ 3×25×4　❹ 89×20×5

**3** 1本65円のえん筆5本を1組にして売っています。2組買うと，代金はいくらですか。1つの式に表してもとめましょう。

**式**

答え（　　　　）

**4** 280mL入りで163円のジュースを7本買います。

❶ 代金はいくらになりますか。

**式**

**答え**（　　　　）

❷ ジュースは全部(ぜんぶ)で何L何mLですか。

**式**

**答え**（　　　　）

**5** 画用紙が2000まいあります。3クラスに468まいずつ配(くば)ると，何まいのこりますか。

**式**

**答え**（　　　　）

## ✦✦✦ できたらスゴイ！

**6** かけ算をしましょう。

❶ $2654 \times 3$

❷ $3486 \times 7$

❸ $6009 \times 8$

**7** 次の□にあてはまる数を答えましょう。

❶ □ア 4 □イ × 6 = 4 □ウ 7 0

❷ 2 □ア □イ × 9 = □ウ □エ 5 6

**8** 1さつ178円のノートを4さつ買う予定(よてい)でしたが，1さつにつき24円安(やす)くなっていたので，予定より2さつ多く買いました。1000円さつではらうと，おつりは，はじめの予定より何円少なくなりましたか。

**式**

**答え**（　　　　）

**ヒント**

**8** 買ったノートのさっ数は，(4＋2)さつだね。おつりのちがいは代金のちがいと考えればいいよ。

答え ▶ 19ページ

# 13 暗算，式と計算

標準レベル

とき方はいろいろあるよ。自分のすきなとき方を使おう！

## れい題1 暗算のしかた〈たし算・ひき算〉

暗算でしましょう。

① 65＋28　　② 73−49

**とき方1** 数を分けたり，だいたい何十かを考えたりして計算します。

① ・65を60と5に，28を20と8に分けます。

60＋20＝80，5＋8＝□ だから，80＋□＝□

・28はだいたい30だから，28を30とみて，65＋30＝□

2多くたしているから，□−2＝□　　答え □

② ・73を60と13に，49を40と9に分けます。

60−40＝20，13−9＝□ だから，20＋□＝□

・49はだいたい50だから，49を50とみて，73−50＝□

1多くひいているから，□＋1＝□　　答え □

**1** 暗算でしましょう。

❶ 14＋37　　❷ 29＋46

❸ 81−56　　❹ 100−67

## れい題2 暗算のしかた〈かけ算〉

暗算でしましょう。

① 43×2　　② 25×28

**とき方** ②は，25×4＝100を使います。

① 43を40と3に分けて，40×2＝□　3×2＝□

あわせて □＋□＝□　　答え □

② 25×28＝25×4×□＝100×□＝□　　答え □

**2** 暗算でしましょう。

❶ 32×3　　❷ 25×24

暗算の力をきそう世界(せかい)大会があるよ。オリンピックやサッカーのワールドカップは4年に1回だけれど，この大会は2年に1回開(ひら)かれるんだって！

## れい題3　計算のじゅんばん

くふうして計算しましょう。

① 25＋17＋43　　② 39＋78＋61

**とき方**　たし算は，たすじゅんばんをかえても答えは同じです

① 25＋17＋43＝25＋(17＋□)＝25＋□＝□

一の位(くらい)をたすと10になる。　先に計算する

**答え** □

② 39＋78＋61＝(39＋□)＋□＝□＋□＝□

**答え** □

**3** くふうして計算しましょう。

❶ 47＋18＋32　　❷ 24＋59＋76

## れい題4　式と計算

①と②のア，イの計算をしましょう。

① ア　(8×9)＋(12×9)　　イ　(8＋12)×9

② ア　(45×6)－(5×6)　　イ　(45－5)×6

**とき方**

① ア　(8×9)＋(12×9)＝72＋108＝□

　イ　(8＋12)×9＝□×9＝□　　**答え** □

② ア　(45×6)－(5×6)＝270－□＝□

　イ　(45－5)×6＝□×6＝□　　**答え** □

**たいせつ**

(●×■)＋(▲×■)＝(●＋▲)×■　(●×■)－(▲×■)＝(●－▲)×■

**4** くふうして計算します。□にあてはまる数を書きましょう。

❶ (53×4)＋(37×4)＝(53＋□)×4＝□×4＝□

❷ (79×8)－(29×8)＝(79－□)×8＝□×8＝□

答え▶19ページ

# 13 暗算，式と計算

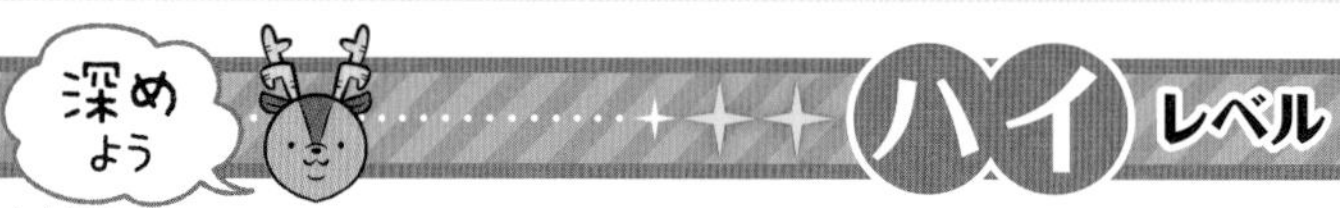


文章題のとき方もいろいろあるよ。
自分のすきなとき方を使おう！

**1** 暗算でしましょう。

❶ 36＋58　　❷ 15＋59

❸ 48＋73　　❹ 97＋56

❺ 65－19　　❻ 93－26

❼ 100－71　　❽ 100－38

❾ 31×3　　❿ 340×2

⓫ 25×16　　⓬ 32×25

**2** くふうして計算しましょう。

❶ 25＋53＋47　　❷ 38＋94＋62

❸ 11＋26＋89＋74　　❹ (23×5)＋(5×67)

❺ (3×84)－(24×3)　　❻ (6×92)－(42×6)

**3** 1こ120円のキウイを3こと，1こ380円のりんごを3こ買います。代金は全部で何円ですか。

❶ キウイの代金とりんごの代金をべつべつに計算して，もとめましょう。

式

答え（　　　　）

❷ キウイ1ことりんご1こを1組にして，もとめましょう。

式

答え（　　　　）

**4** 赤と青のテープがあります。それぞれのテープをはしから30cmずつ切り取っていくと，赤のテープはちょうど9本，青のテープはちょうど7本に切り分けることができました。はじめ，赤と青のテープの長さのちがいは何cmでしたか。

❶ はじめの赤と青のテープの長さをべつべつに計算して，もとめましょう。

**式**

答え（　　　　）

❷ 切り分けた本数のちがいから，もとめましょう。

**式**

答え（　　　　）

**5** 水が900mL入ったペットボトル6本分と，水が500mL入ったペットボトル6本分の水のかさのちがいは何L何mLですか。1本分の水のかさのちがいから，答えをもとめましょう。

**式**

答え（　　　　）

**6** しゅんさんは毎日，朝食前に10分間，夕食前に20分間サッカーの練習をします。1週間の練習時間は何時間何分になりますか。1日の練習時間から，答えをもとめましょう。

**式**

答え（　　　　）

## できたらスゴイ！

**7** くふうして計算しましょう。

❶ (94×26)+(41×94)−(65×94)　❷ (78×44)−(44×53)

**8** 男の子5人と女の子7人におかしを買って配ります。子ども1人につき，1こ14円のあめを3こと，1こ11円のラムネを3こ配るとき，おかしの代金は全部で何円ですか。□にあてはまる数を書いて，答えをもとめましょう。

**式** (□+11)×3×(5+□)

=□×3×□=□×3×□×3

=(□×□)×(3×3)=□×9=□

答え（　　　　）

**ヒント**

**8** 代金＝1人分の代金×人数だね。くふうすると，暗算で答えをもとめることができるよ。

答え▶20ページ

# 14 表とぼうグラフ

標準レベル

ぼうグラフでは，１めもりが表(あらわ)す大きさに注(ちゅう)意(い)しよう！

## れい題１ 表(ひょう)とぼうグラフ

ひろとさんの組の２８人が，すきな教科を１人１つずつカードに書いたら，下のようになりました。
また，「正」の字を使(つか)って数を調(しら)べ，表に整理(せいり)すると右のようになりました。

| 算数 | 体育 | 国語 | 社会 | 音楽 | 図工 | 体育 |
|---|---|---|---|---|---|---|
| 国語 | 図工 | 理科 | 体育 | 国語 | 図工 | 算数 |
| 図工 | 算数 | 体育 | 図工 | 体育 | 算数 | 図工 |
| 体育 | 音楽 | 図工 | 算数 | 図工 | 体育 | 算数 |

すきな教科調べ

| 教科 | 正の字 | 人数(人) |
|---|---|---|
| 算数 | 正 一 | ア |
| 体育(たいいく) | イ | ７ |
| 国語 | ウ | エ |
| 図工 | オ | カ |
| その他(た) | 止 | ４ |
| 合計 | | ２８ |

① 表のア～カにあてはまる正の字や数を書きましょう。
② すきな人がいちばん多い教科は何ですか。

**とき方** 数えまちがえないように，カードにしるしをつけていくとよいでしょう。
① 人数の少ない音楽(２人)と社会(１人)と理科(１人)の４人は，「その他」にまとめてあります。

**答え** ア ＿＿ イ ＿＿ ウ ＿＿ エ ＿＿ オ ＿＿ カ ＿＿

② 表を見て，いちばん人数の多い教科を答えます。 **答え** ＿＿

**1** 右上の表をぼうグラフに表しました。

❶ グラフの１めもりは何人を表していますか。

（　　　　）

❷ グラフに，体育とその他のぼうをかきましょう。

❸ 図工の人数は，国語の人数より何人多いですか。

（　　　　）

すきな教科調べ

(人) 10, 5, 0

図工　体育　算数　国語　その他

学習した日　　　月　　　日

オリンピックのマークで５つの円（輪）は，５つの大陸（ヨーロッパ，アメリカ，アフリカ，アジア，オセアニア）を表しているよ。

## れい題２　ぼうグラフの１めもりの大きさ

右のぼうグラフは，３年１組の人たちが，先週，図書室でかりた本の数を表したものです。

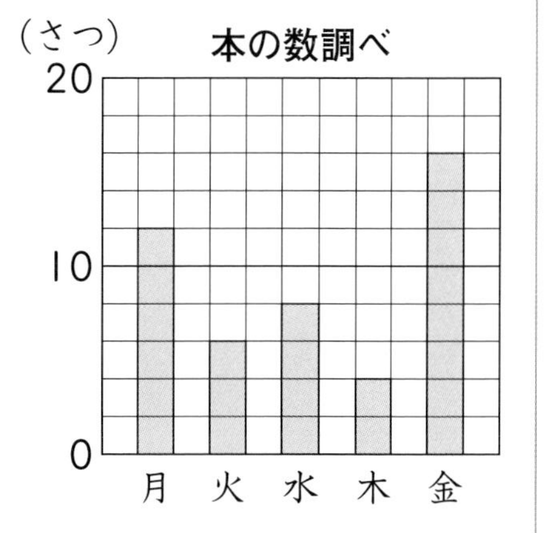


① グラフの１めもりは，何さつを表していますか。

② 水曜日にかりた本の数は何さつですか。

③ 先週かりた本の数は，全部で何さつですか。

④ 月曜日にかりた本の数は，木曜日にかりた本の数の何倍ですか。

**とき方**

① ０と10の間を□つに分けています。　答え □さつ

② ４めもり分です。　答え □さつ

③ 12＋□＋□＋４＋□＝□（さつ）　答え □さつ

④ 12÷４＝□（倍）　答え □倍
（12：月曜日　４：木曜日）

**2** 右のぼうグラフは，かえでさんが，先週の夕方に，犬のさん歩をした時間を表したものです。

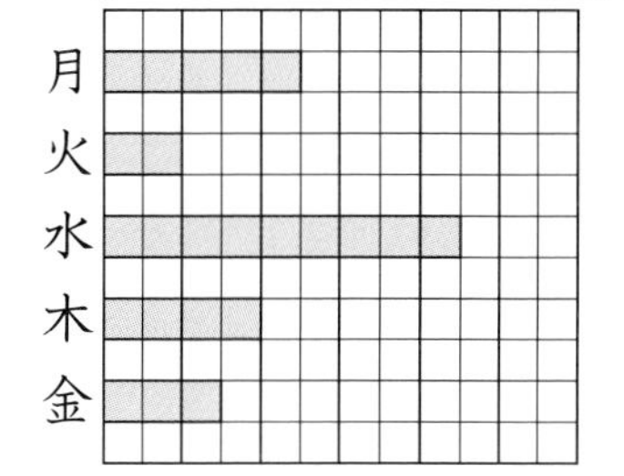


❶ グラフの１めもりは，何分を表していますか。
（　　　　）

❷ 先週さん歩をした時間は，全部で何時間何分ですか。
（　　　　）

**3** 「れい題２」のグラフについて，次のア～ウのことは，正しいですか，正しくないですか。

ア　かりた本の数が10さつより少ない日が，２日ある。

イ　かりた本の数がいちばん多い日といちばん少ない日では，６さつちがう。

ウ　火曜日にかりた本の数は，月曜日にかりた本の数の $\frac{1}{2}$ になっている。

ア（　　　　）　イ（　　　　）　ウ（　　　　）

答え▶20ページ

# 14 表とぼうグラフ

ハイレベル

表とぼうグラフ，問題文を正しく読み取れているかどうかをたしかめよう！

**1** 右のカードは，たいがさんの組のみんなが住んでいる町を書いたものです。人数を調べて表に整理し，ぼうグラフに表すと，右下のようになりました。

| 南町 | 東町 | 西町 | 南町 | 本町 | 東町 | 南町 | 中町 |
|---|---|---|---|---|---|---|---|
| 中町 | 本町 | 中町 | 東町 | 中町 | 北町 | 中町 | 東町 |
| 東町 | 中町 | 南町 | 西町 | 南町 | 本町 | 東町 | 本町 |
| 中町 | 北町 | 東町 | 中町 | 東町 | 西町 | 南町 | 中町 |

❶ 表のア～エにあてはまる数を書きましょう。

ア（　　　）
イ（　　　）
ウ（　　　）
エ（　　　）

住んでいる町調べ

| 町 | 人数(人) |
|---|---|
| 東町 | ア |
| 西町 | イ |
| 南町 | ウ |
| 北町 | 2 |
| 中町 | エ |
| 本町 | 4 |
| 合計 | 32 |

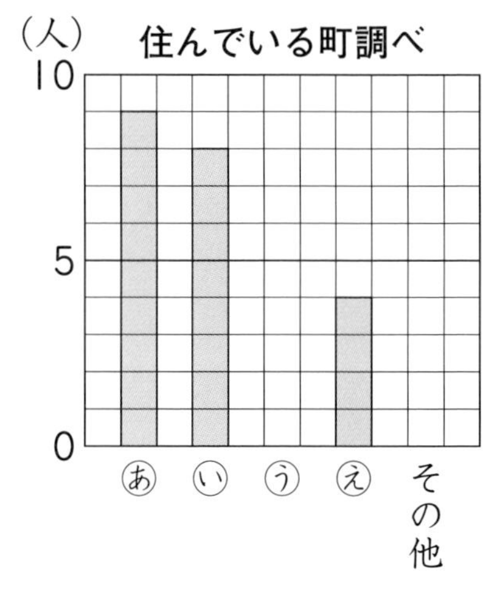


❷ グラフに，うとその他のぼうをかきましょう。

❸ あにあてはまる町を答えましょう。

（　　　）

❹ いの町は本町の人数の何倍ですか。

（　　　）

**2** 下のぼうグラフは，山川駅からいろいろな場所までの道のりを表したものです。

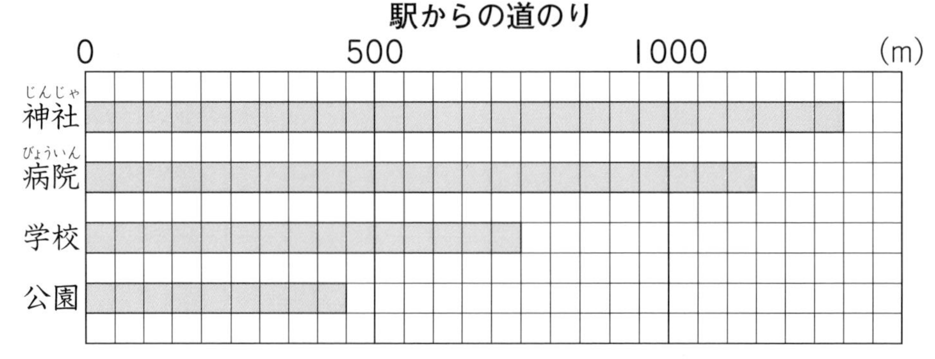


❶ グラフの１めもりは，何mを表していますか。

（　　　）

❷ 駅から神社までの道のりと，駅から公園までの道のりのちがいは何mですか。

（　　　）

**3** 右のぼうグラフは，ある店で，月曜日から金曜日までに売れたメロンパンの数を表したものです。

メロンパンの数調べ（こ）

月　火　水　木　金

**1** 月曜日から金曜日までに売れた数は，全部で何こですか。

（　　　　）

**2** 次のア〜ウのことは，正しいですか，正しくないですか。

ア　月曜日から金曜日まで，売れた数が毎日ふえている。

イ　金曜日に売れた数は，水曜日に売れた数の半分になっている。

ウ　木曜日に売れた数は，月曜日に売れた数の3倍で，ちがいは14こである。

ア（　　　　）　イ（　　　　）　ウ（　　　　）

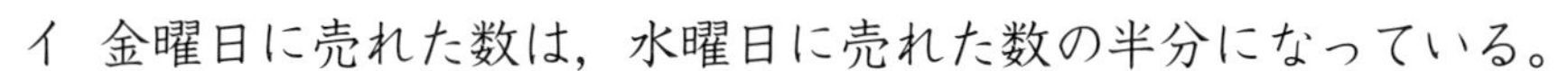

**できたらスゴイ！**

**4** 学校の前を通った乗り物を10分間調べたところ，通った乗り物は6しゅるいで，次のことがわかりました。

ア　消ぼう車とパトカーが1台ずつ通った。

イ　乗用車の数は，トラックの数より3台多かった。

ウ　バスの数は，バイクの数より1台少なかった。

エ　トラックの数は，その他の数の2倍だった。

オ　バイクの数だけをぼうグラフに表すと，右のようになった。

乗り物調べ（台）

Ⓐ　Ⓘ　バイク　その他

**1** ぼうグラフのⒶにあてはまる乗り物を答えましょう。

（　　　　）

**2** その他に入る乗り物を全部答えましょう。

（　　　　）

**3** ぼうグラフのⒾにあてはまる乗り物は何台ですか。（　　　　）

**4** 10分間に通った乗り物は全部で何台ですか。（　　　　）

**ヒント**

**4** バイク，バス，その他，トラック，乗用車のじゅんに数をもとめよう。

答え ▶ 21ページ

# 15 いろいろな表とぼうグラフ

全体のようすがよくわかる表や，2つの大きさがくらべやすいグラフについて学習しよう！

標準レベル

## れい題1 表のまとめ方

下の表は，先週学校を休んだ3年生の人数を，組ごとにまとめたものです。

休んだ人調べ（1組）

| 曜日 | 人数（人） |
|---|---|
| 月 | 2 |
| 火 | 1 |
| 水 | 1 |
| 木 | 3 |
| 金 | 0 |
| 合計 | 7 |

休んだ人調べ（2組）

| 曜日 | 人数（人） |
|---|---|
| 月 | 4 |
| 火 | 3 |
| 水 | 1 |
| 木 | 0 |
| 金 | 1 |
| 合計 | 9 |

休んだ人調べ（3組）

| 曜日 | 人数（人） |
|---|---|
| 月 | 1 |
| 火 | 1 |
| 水 | 2 |
| 木 | 3 |
| 金 | 1 |
| 合計 | 8 |

3つの表を，右の1つの表にまとめます。ア～ウにあてはまる数を書きましょう。

休んだ人調べ（3年生）　（人）

| 曜日＼組 | 1組 | 2組 | 3組 | 合計 |
|---|---|---|---|---|
| 月 | 2 | 4 | 1 | 7 |
| 火 | 1 | ア | 1 | 5 |
| 水 | 1 | 1 | 2 | イ |
| 木 | 3 | 0 | 3 | 6 |
| 金 | 0 | 1 | 1 | 2 |
| 合計 | 7 | 9 | 8 | ウ |

**とき方** アは［　］組で［　］曜日に休んだ人数，イは3年生で［　］曜日に休んだ人数の合計，ウは［　］年生で先週休んだ人数の［　］です。

**答え** ア［　］　イ［　］　ウ［　］

**1** 右の表は，3年生がいちばんすきなくだものを調べてまとめたものです。

表をかんせいさせましょう。

すきなくだもの調べ（3年生）　（人）

| しゅるい＼組 | 1組 | 2組 | 3組 | 合計 |
|---|---|---|---|---|
| いちご | 11 | 5 | 8 | |
| みかん | 7 | 6 | | 22 |
| りんご | 5 | 7 | 4 | 16 |
| その他 | 6 | 12 | 8 | 26 |
| 合計 | 29 | | 29 | |

HB(エイチビー)のえん筆(ぴつ)１本でひける線の長さは，だいたい50kmなんだって！
１kmの50倍(ばい)だね！

## れい題２　ぼうグラフを組み合わせたグラフ

３年１組と２組でいちばんすきな色を調べ，表とグラフにまとめます。

すきな色調べ(２組)　(人)

| | 青 | 白 | 緑(みどり) | 赤 | その他 |
|---|---|---|---|---|---|
| ２組 | 7 | 6 | 8 | 3 | 11 |

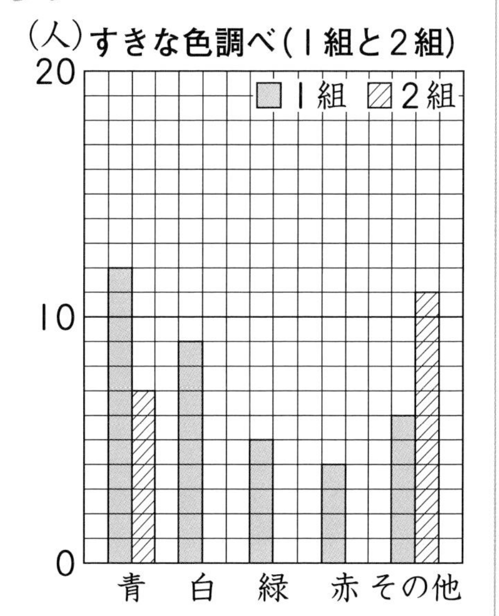


① 右のグラフをかんせいさせましょう。
② １組と２組で，人数のちがいがいちばん大きいのは，何色ですか。

**とき方**

① ２組の白は［　　］人，緑は［　　］人，赤は［　　］人だから，そのぼうを，１組のぼうの右にそれぞれかきます。

② １組と２組のちがいは，青…12－7＝［　　］(人)，白…9－6＝［　　］(人)，緑…8－5＝［　　］(人)，赤…4－3＝［　　］(人)です。その他はいくつかの色の合計だから，あてはまりません。

**答え** ［　　］

**2** 上の１組と２組のグラフを右のように表(あらわ)します。

❶ グラフをかんせいさせましょう。

❷ １組と２組全体で，白と赤の人数のちがいを答えましょう。

(　　　　)

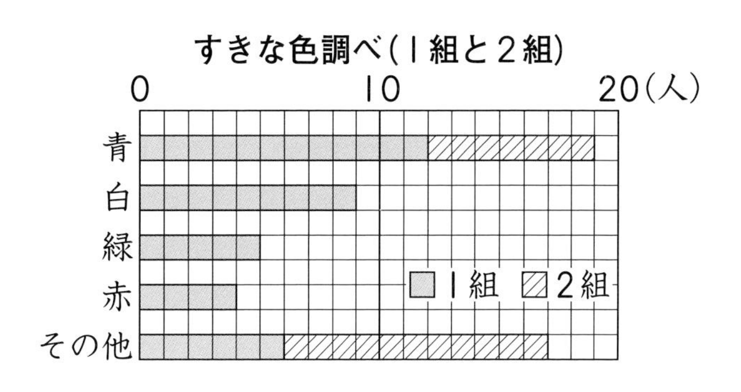

答え▶22ページ

# 15 いろいろな表とぼうグラフ

3つの表をまとめた表や，2つのグラフを組み合わせたグラフも正しく読み取れるようになろう！

**1** 3年生が，先月，図書室でかりた本について，表とグラフにまとめています。

❶ 表とグラフをかんせいさせましょう。

かりた本調べ(3年生)　(さつ)

| しゅるい＼組 | 1組 | 2組 | 3組 | 合計 |
|---|---|---|---|---|
| 物　語 | | | 10 | |
| 図かん | | ア 5 | | |
| でん記 | 6 | | | イ |
| その他 | | | | |
| 合　計 | | | | |

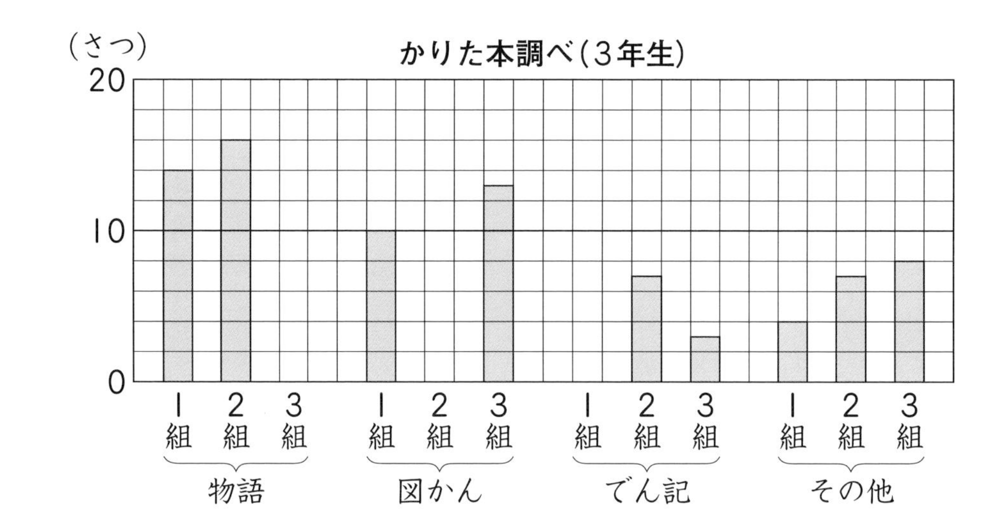


❷ 表のア，イの数は，それぞれ何を表していますか。

ア（　　　　　　　　　　）

イ（　　　　　　　　　　）

❸ 3年生がいちばん多くかりた本のしゅるいを答えましょう。

（　　　　）

❹ 2組と3組でかりた数のちがいがいちばん大きい本のしゅるいを答えましょう。

（　　　　）

❺ 上のグラフでわかりやすいのは，次の(1)と(2)のどちらですか。

(1) それぞれの組の，本のしゅるいごとの数の多い，少ない

(2) それぞれの本のしゅるいの，組ごとのかりた数の多い，少ない

（　　）

**2** 南野小学校と北山小学校の３年生が，遠足に行きたい場所を遊園地と動物園と水族館の中から１人１つずつえらび，グラフに表しました。

次のア～エにあてはまる数やことばを書きましょう。

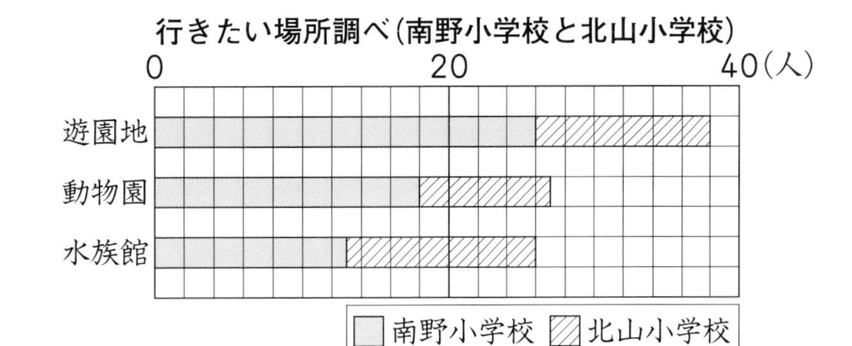


・動物園をえらんだ人は，南野小学校が［ア］人で，北山小学校の人数の［イ］倍です。

・北山小学校の３年生は［ウ］人で，いちばん人気がある場所は［エ］です。

ア（　　　）　イ（　　　）　ウ（　　　）　エ（　　　）

**できたらスゴイ！**

**3** ３年１組と２組で，いちばんすきな乗り物を調べて，アとイのようなグラフに表します。

ア

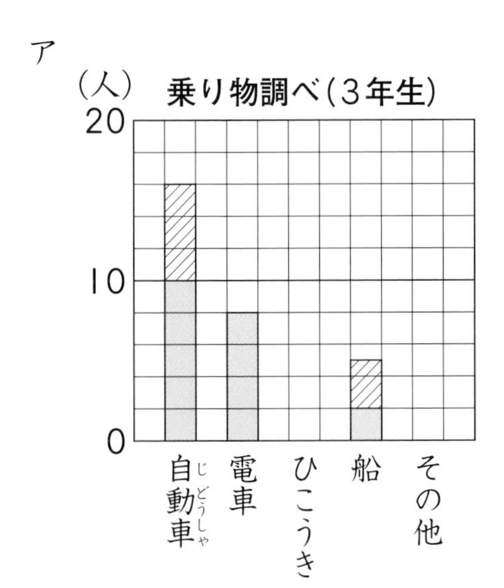


イ

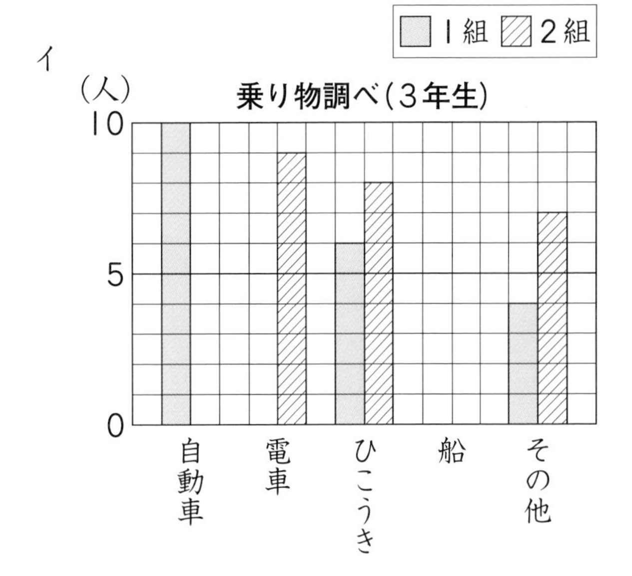


❶ グラフをかんせいさせましょう。

❷ アのグラフは，イのグラフよりも，どんなことがわかりやすいですか。

（　　　　　　　　　　）

**ヒント**

❸ めもりの大きさに気をつけて，グラフから数を読み取ろう。

# 思考力育成問題

答え▶22ページ

間の数について，3人の会話を読んで考える問題だよ。

**間の数に注目して考えよう！**

次の先生とれんさんとかなさんの会話文を読んで，あとの問題に答えましょう。

：8本のはたが4mごとに，1列に立っているよ。両はしのはたの間の長さは何mかな？

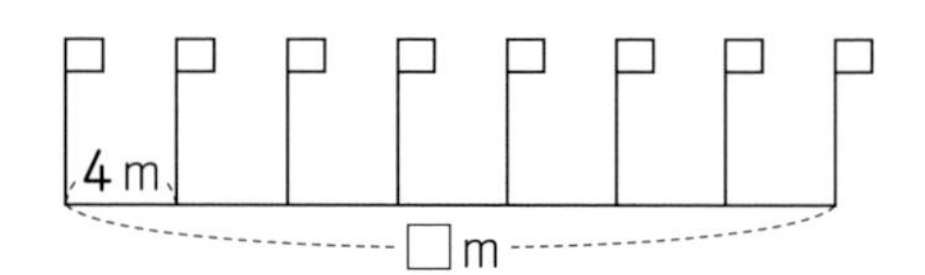

：4mが8つ分だから，4×8＝32
32mだと思います。

：えっ？　はたが8本だと，間の数は7つだと思います。

：そうだね。図をかいてかくにんしてみよう。

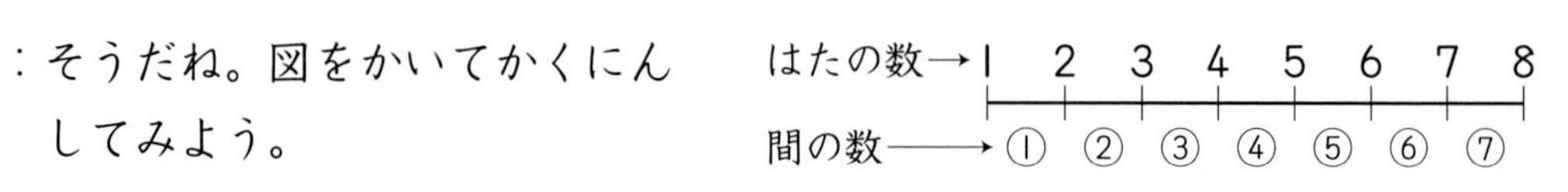

：あっ，本当だ。4mが7つ分だから，［①］
28mですね。

：はい，正かい！
はたとはたの間の数は，はたの数より1小さいね。
じゃあ，次の問題だよ。
まるい形をした花だんのまわりに，8本のはたが4mごとに立っているよ。この花だんのまわりの長さは何mかな？

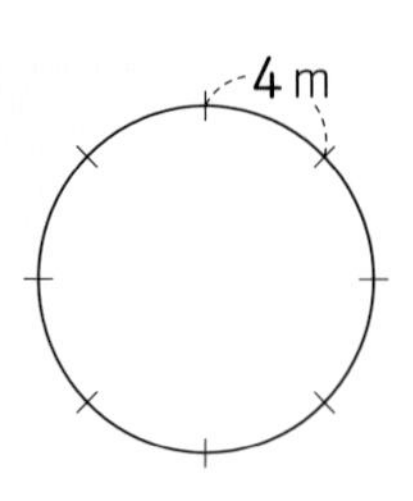

：はたとはたの間の数が8つだから，4×8＝32
32mです。

：はたとはたの間の数と，はたの数が同じです。

：そのとおり！
さあ，次は赤と白，2色のはたを立てるよ。
まず，2本の赤いはたを18mはなして立てます。
そして，赤いはたの間に白いはたを立てます。はたを3mごとに立てるとき，白いはたの数は何本か，せつ明できるかな？

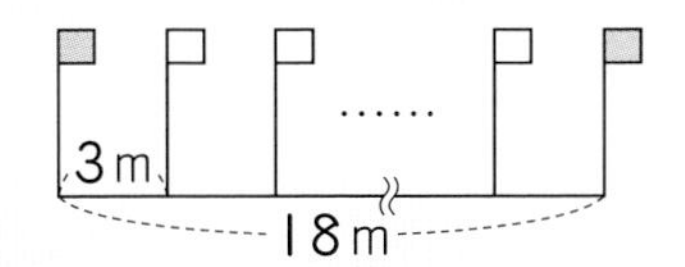


：

：すばらしい！
では，はたを2mごとに立てるときもせつ明できるかな？

：③

図をかくと，どんな問題もとけそうです。

❶ 次の□にあう数を入れて，①にあてはまる式をかんせいさせましょう。

□ × □ ＝ □

❷ 次の□にあう数を入れて，②にあてはまる文をかんせいさせましょう。

18÷3＝□だから，間の数は□つです。

両はしには赤いはたが立っているので，白いはたの数は，間の数より□小さくなります。

□ － □ ＝ □だから，白いはたの数は□本です。

❸ ③にあてはまる式や文を書きましょう。

［　　　　　　］

**ヒント**

❸ ❷と同じようにせつ明してみよう。

答え▶23ページ

# 16 倍の計算

標準レベル

もとにする大きさを見つけられるようになろう！

## れい題1 何倍の問題

次の問題に答えましょう。

① ガムが12こあり，あめはその3倍あります。あめは何こありますか。

② 黒い車が45台，赤い車が9台あります。黒い車の数は赤い車の何倍ですか。

③ 赤いボールの直径は，青いボールの直径の4倍で，28cmです。青いボールの直径は何cmですか。

**とき方** 次の式に数や□をあてはめると，考えやすくなります。

(もとにする大きさ)×(何倍かを表す数)

＝(もとにする大きさの何倍かの大きさ)

① □×3＝□ 　答え □こ

（もとにする大きさ　倍）

② □×□＝45だから，□＝45÷□＝□ 　答え □倍

（もとにする大きさ　倍）

③ □×□＝28だから，□＝□÷□＝□

（もとにする大きさ　倍）

答え □cm

**1** 次の問題に答えましょう。

❶ 太い糸が32本あり，細い糸はその4倍あります。細い糸は何本ありますか。

**式**

答え（　　　　）

❷ 物語の本が26さつ，図かんが2さつあります。物語の本の数は図かんの何倍ですか。

**式**

答え（　　　　）

❸ りこさんが持っている色紙は，弟が持っている色紙の8倍で，48まいです。弟が持っている色紙は何まいですか。

**式**

答え（　　　　）

学習した日　　月　　日

１時間が60分なのは，60という数字が，12や15など，いろいろな数字でわりきれて数を分けやすいからだといわれているよ。

## れい題２　何倍の何倍の問題

赤のロープの長さは３m，青のロープの長さは赤のロープの長さの２倍，緑（みどり）のロープの長さは青のロープの長さの４倍です。緑のロープの長さは何mですか。

① 青のロープの長さをもとめてから，緑のロープの長さをもとめましょう。

② 緑のロープの長さは，赤のロープの長さの何倍かを考えてもとめましょう。

**とき方**

① 赤（3m）→2倍→ 青 →4倍→ 緑

青のロープの長さ…□×２＝□（m）

緑のロープの長さ…□×４＝□（m）

**答え** □m

② 赤（3m）→2倍→ 青 →4倍→ 緑

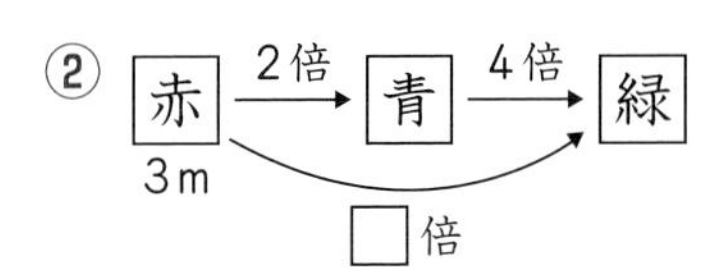


緑のロープの長さは，赤のロープの長さの，

２×４＝□（倍）

緑のロープの長さ…３×□＝□（m）

**答え** □m

**2** 三角形のカードは４まい，正方形のカードは三角形のカードの５倍，長方形のカードは正方形のカードの２倍あります。次の問題に答えましょう。

❶ 正方形のカードは何まいありますか。

**式**

**答え**（　　　　）

❷ 長方形のカードは何まいありますか。

**式**

**答え**（　　　　）

**3** チーズが６こ入ったふくろを，２つ入れた箱（はこ）が３箱あります。次の問題に答えましょう。

❶ 全部（ぜんぶ）のふくろの数はいくつですか。

**式**

**答え**（　　　　）

❷ チーズは全部で何こありますか。

**式**

**答え**（　　　　）

答え▶23ページ

# 16 倍の計算

ハイレベル

もとにする大きさがどれになるのかを考えよう。まよったときは図をかくといいよ！

**1** カステラとロールケーキがあります。はしから同じ長さずつ切るとき，次の問題に答えましょう。

❶ カステラを2cmずつ切ると，ちょうど7こに分けることができました。はじめのカステラの長さは何cmですか。

式

答え（　　　　）

❷ ロールケーキを3cmずつ切ると，ちょうど8こに分けることができました。はじめのロールケーキの長さは何cmですか。

式

答え（　　　　）

**2** ボールペンが6本，マジックが2本，えん筆が42本あります。次の問題に答えましょう。

❶ ボールペンの数は，マジックの何倍ですか。

式

答え（　　　　）

❷ えん筆の数は，マジックの何倍ですか。

式

答え（　　　　）

❸ えん筆の数は，ボールペンの何倍ですか。

式

答え（　　　　）

**3** ノートと図かんと国語じてんがあり，図かんのあつさは3cm2mmです。次の問題に答えましょう。

❶ 図かんのあつさはノートのあつさの8倍です。ノートのあつさは何mmですか。

式

答え（　　　　）

❷ 国語じてんのあつさは図かんのあつさの2倍です。国語じてんのあつさは何cm何mmですか。

式

答え（　　　　）

**4** □にあてはまる数やことばを書いて，15÷3の式になる問題をつくりましょう。

❶ みかんが□こ，りんごが□こあります。みかんの数はりんごの何倍ですか。

❷ 水そうに入る水のかさは，バケツに入る水のかさの□倍で，□Lです。バケツに入る水のかさは何Lですか。

❸ れおさんは，きのうは3ページ，今日は15ページ本を読みました。□読んだページ数は，□読んだページ数の何倍ですか。

❹ 赤のテープの長さは，白のテープの長さの□倍で，15cmです。□のテープの長さは何cmですか。

**5** さやかさんは，計算問題を毎日3問ずつとくことにしました。4週間休まずにとくと，全部で何問とくことができますか。1つの式に表(あらわ)して，もとめましょう。

式

答え（　　　）

**6** いつきさんの年れいは9才で，弟とは3才ちがいます。また，兄の年れいは，弟の2倍です。兄の年れいは何才ですか。

式

答え（　　　）

## できたらスゴイ！

**7** チョコレートが24こありました。そのうち何こか食べると，のこりの数が食べた数の3倍になりました。食べた数は何こですか。

式

答え（　　　）

**8** 赤，青，黄，緑(みどり)のテープが1本ずつあります。青のテープの長さは赤のテープの長さの半分，黄のテープの長さは青のテープの長さの9倍で，36cmです。また，緑のテープの長さは黄のテープの長さの3倍よりも20cm短(みじか)いです。緑のテープの長さは，赤のテープの長さの何倍ですか。

式

答え（　　　）

**ヒント**

❼ 図をかいてみよう。24こは食べた数の何倍になるかな。

❽ まず，青の長さをもとめてから，赤の長さをもとめよう。赤の長さは青の長さの何倍になるかな。

答え▶24ページ

# 17 小数の表し方としくみ

標準レベル

小数の表し方やしくみ，大小のくらべ方について学習しよう！

## れい題1 小数の表し方

右の図の水のかさは何dLですか。
また，何Lですか。

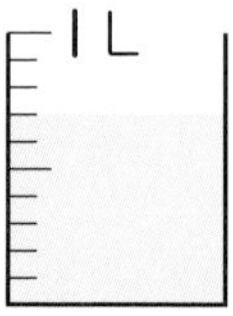

**とき方** 1Lより少ないかさは，小数を使って表すことができます。

1Lますの1めもりは1dLだから，このかさは，□dLです。

1Lを10等分した1こ分のかさを，□L(れい点一リットル)といいます。

水のかさは，0.1Lの□こ分だから，□Lです。

**たいせつ**
1.4，0.7のような数を小数，
0，1，2，…のような数を整数といいます。

0.7（小数点／小数第一位）

答え □dL
□L

**1** 次の問題に答えましょう。

❶ 右の図の水のかさは何L何dLですか。また，何Lですか。

(　　　　)(　　　　)

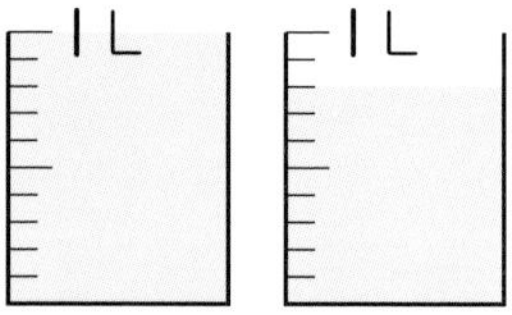

❷ 右の図のテープの長さは何cm何mmですか。また，何cmですか。

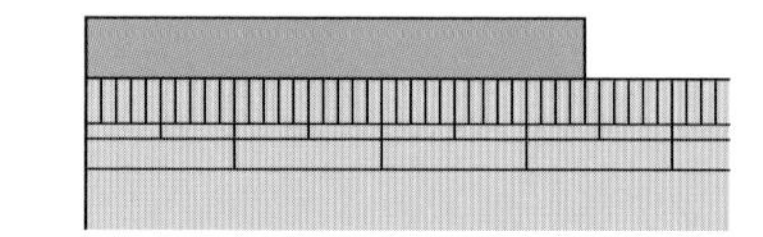

(　　　　)(　　　　)

**2** 次の□にあてはまる数を書きましょう。

❶ 3dL＝□L

❷ 6L5dL＝□L

❸ 7.4L＝□L□dL

❹ 8mm＝□cm

❺ 4cm9mm＝□cm

❻ 5.6cm＝□cm□mm

**3** 次の□にあてはまる数を書きましょう。

❶ 6.8は0.1を□こ集めた数です。

❷ 0.1を79こ集めた数は□です。

学習した日　　月　　日

「算数」という教科が生まれる前までは，計算をしたり，図形の面(めん)せきをもとめたりする方法(ほうほう)のことを「算術(さんじゅつ)」とよんだんだって！

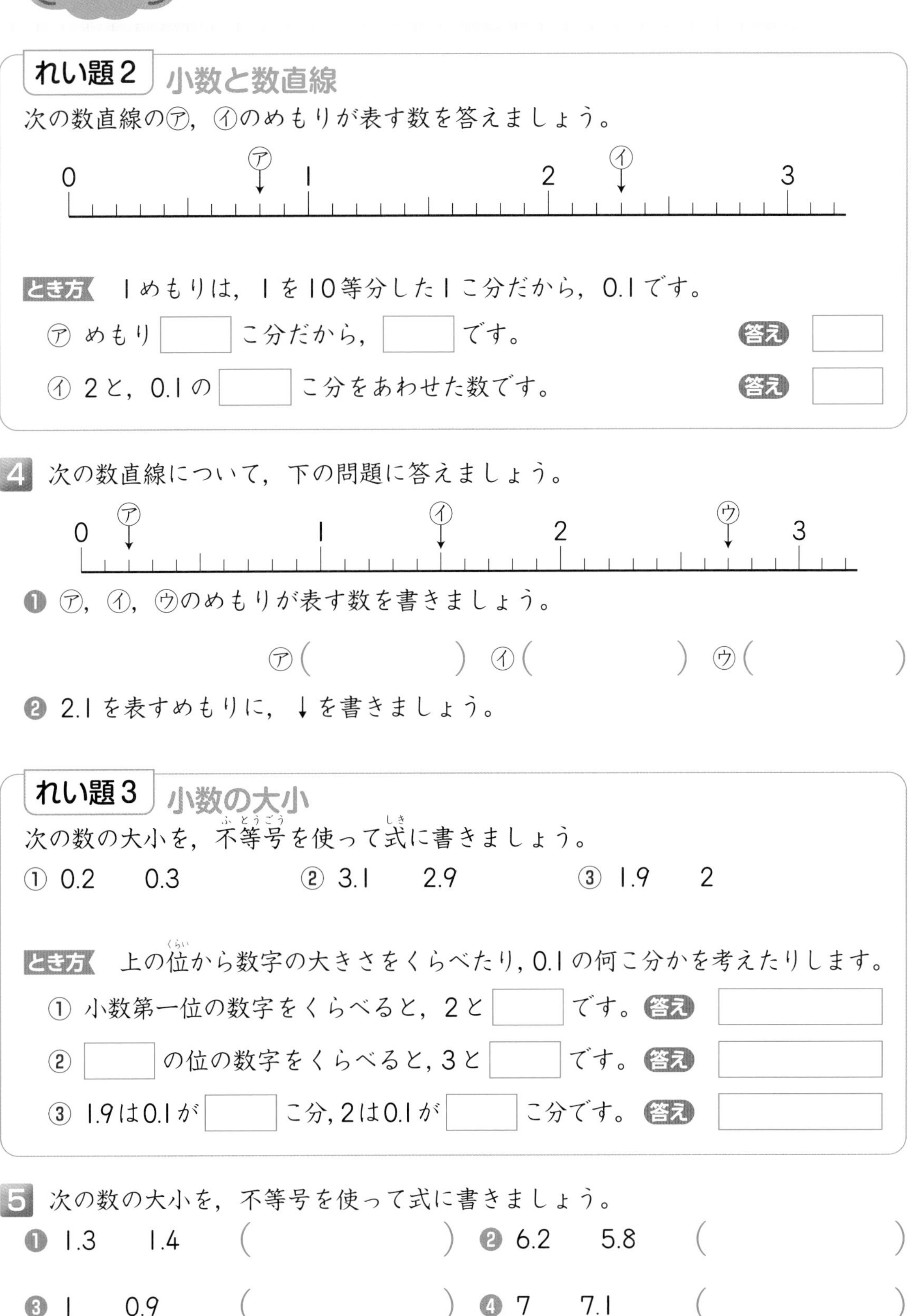

## れい題２　小数と数直線

次の数直線の㋐，㋑のめもりが表す数を答えましょう。

0　㋐　1　2　㋑　3

**とき方**　１めもりは，１を10等分した１こ分だから，0.1です。

㋐ めもり［　］こ分だから，［　］です。　答え［　］

㋑ ２と，0.1の［　］こ分をあわせた数です。　答え［　］

**4** 次の数直線について，下の問題に答えましょう。

0　㋐　1　㋑　2　㋒　3

❶ ㋐，㋑，㋒のめもりが表す数を書きましょう。

㋐（　　　　）　㋑（　　　　）　㋒（　　　　）

❷ 2.1を表すめもりに，↓を書きましょう。

## れい題３　小数の大小

次の数の大小を，不等号(ふとうごう)を使って式(しき)に書きましょう。

① 0.2　0.3　　② 3.1　2.9　　③ 1.9　2

**とき方**　上の位(くらい)から数字の大きさをくらべたり，0.1の何こ分かを考えたりします。

① 小数第一位の数字をくらべると，２と［　］です。　答え［　］

② ［　］の位の数字をくらべると，３と［　］です。　答え［　］

③ 1.9は0.1が［　］こ分，２は0.1が［　］こ分です。　答え［　］

**5** 次の数の大小を，不等号を使って式に書きましょう。

❶ 1.3　1.4　（　　　　）　❷ 6.2　5.8　（　　　　）

❸ 1　0.9　（　　　　）　❹ 7　7.1　（　　　　）

答え▶25ページ

# 17 小数の表し方としくみ

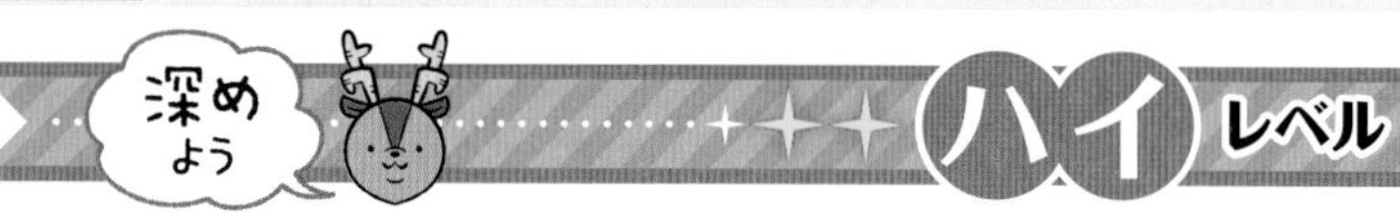


小数をいろいろな見方で考えたり，大小をくらべたりしよう。

**1** 右の図の水のかさについて答えましょう。

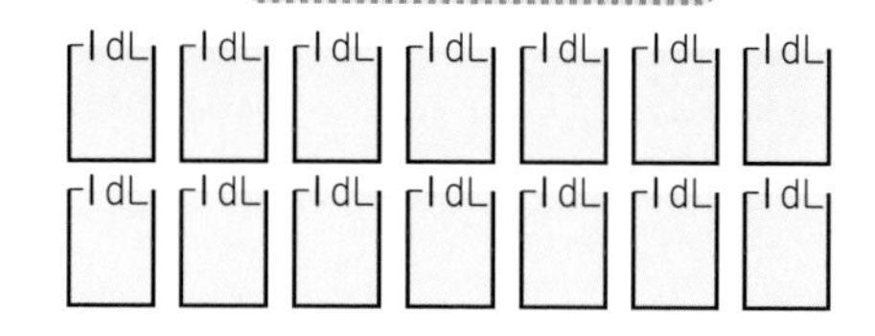


❶ 何Lですか。

（　　　　）

❷ あと何Lで2Lになりますか。

（　　　　）

**2** 右の図のテープの長さについて答えましょう。

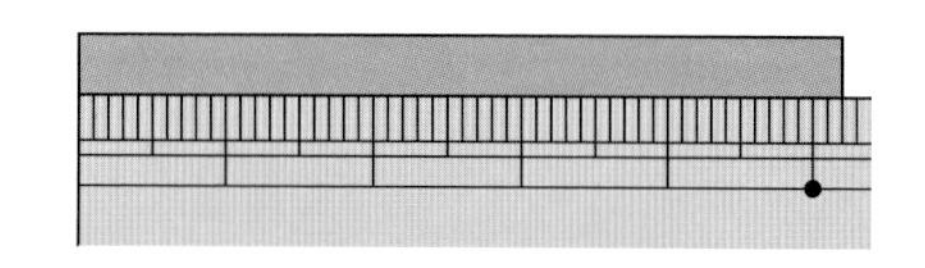

❶ 何cmですか。

（　　　　）

❷ 6cmより何cm短いですか。（　　　　）

**3** 次の㋐～㋔の数を，整数と小数に分けましょう。

㋐ 0.5　㋑ 7　㋒ 1.6　㋓ 0　㋔ 19.3

整数（　　　　）　小数（　　　　）

**4** 次の□にあてはまる数を書きましょう。

❶ 0.4L＝□dL　❷ 2L800mL＝□L

❸ 7.3L＝□L□mL　❹ 6.7cm＝□mm

❺ 5m90cm＝□m　❻ 4.2m＝□m□cm

**5** 次の□にあてはまる数を書きましょう。

❶ 8.5は，□を85こ集めた数　❷ 3は，0.1を□こ集めた数

**6** 下の数直線について答えましょう。

❶ ㋐，㋑，㋒のめもりが表す数を書きましょう。

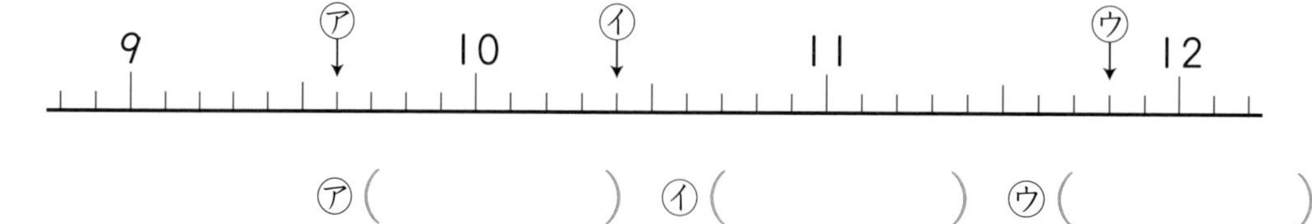


㋐（　　　　）　㋑（　　　　）　㋒（　　　　）

❷ 次の㋓，㋔を表すめもりに↓をつけましょう。

㋓ 10.9　㋔ 9.3

**7** 次の数の大小を，不等号を使って式に書きましょう。

❶ 7.6　7.5　（　　）
❷ 5.9　6.1　（　　）
❸ 0.7　1.1　（　　）
❹ 4　3.8　（　　）
❺ 10　9.9　（　　）
❻ 0　0.2　（　　）

**8** 次の□にあてはまる数を書きましょう。

❶ 5.8 ― □ ― 6.2 ― 6.4 ― □ ― □
❷ □ ― 9.5 ― □ ― □ ― 8 ― 7.5

## できたらスゴイ！

**9** 次の□にあてはまる数を書きましょう。

❶ 700 mL＝□ L
❷ 3.1 L＝□ mL
❸ 9.4 m＝□ cm
❹ 180 cm＝□ m
❺ 2 km 500 m＝□ km
❻ 6300 m＝□ km

**10** 37.8について，次の□にあてはまる数を書きましょう。

❶ 37.8は，0.1を□こ集めた数です。
❷ 37.8は，35より□大きい数です。
❸ 37.8＝40－□

**11** 13より0.4小さい数はいくつですか。

（　　）

**12** 次の数を，小さいじゅんに左から不等号を使って書きましょう。

8.2，8，0.8，1，7.8

（　　）

**ヒント**

**9** ❺❻ 1 km＝1000 mから，0.1 kmは何mになるか考えよう。
**12** 数を小さいじゅんにならべて，数と数の間に不等号<を書いて表すよ。

答え▶26ページ

# 18 小数のたし算とひき算

標準レベル

小数のたし算とひき算が筆算(ひっさん)でできるようになろう！

## れい題1 小数のたし算

計算をしましょう。

① 0.8＋0.9　　② 4.6＋1.5　　③ 5.7＋2.3

**とき方** 0.1をもとにして考えましょう。筆算では，位(くらい)をたてにそろえて書いて，下の位からじゅんに計算します。

① ・0.8は0.1の8こ分，0.9は0.1の[　　]こ分

あわせて，0.1の(8＋[　　])こ分になります。

・筆算では，

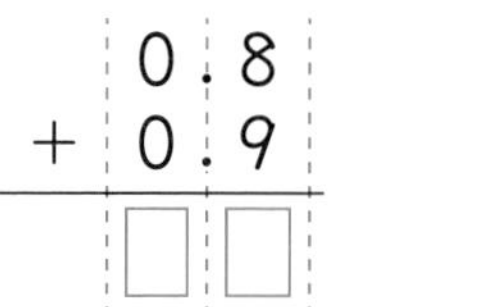


➡

0.8
＋0.9

❶ 0.1をもとにすると，8＋9＝17

❷ 答えの小数点をうつ。

答え [　　]

② 4.6
＋1.5

上の小数点にそろえて答えの小数点をうつ。

[　　]

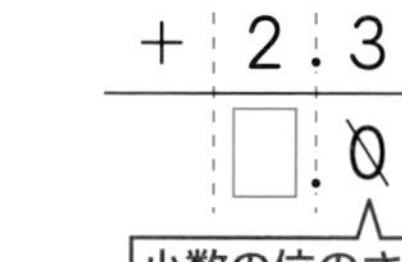


小数の位のさいごの0は消(け)す。

## 1 計算をしましょう。

❶ 0.3＋0.6　　❷ 0.9＋0.1　　❸ 0.5＋0.5

❹ 0.7＋4　　❺ 0.6＋0.5　　❻ 0.8＋0.7

❼ 3.2＋0.4　　❽ 6.8＋0.2　　❾ 5.9＋0.3

❿ 8.7＋0.6　　⓫ 2.1＋3.8　　⓬ 4.6＋2

⓭ 3.5＋5.9　　⓮ 5.4＋1.6　　⓯ 8.2＋7.3

⓰ 2.8＋9　　⓱ 4.3＋5.7　　⓲ 9.6＋3.9

「1＋3＝4」「3＋1＝4」や「2×4＝8」「4×2＝8」のように，たし算とかけ算は，数のじゅんばんをかえても答えが同じだよ。ひき算とわり算は，数のじゅんばんをかえると正しく計算できなくなるから気をつけよう。

## れい題2　小数のひき算

計算をしましょう。

① 1.5－0.8　　② 6.2－3.4　　③ 5－4.7

**とき方**　0.1をもとにして考えましょう。筆算では，たし算と同じように，位をたてにそろえて書いて，下の位からじゅんに計算します。

① ・1.5は0.1の15こ分，0.8は0.1の□こ分
ひくと，0.1の(15－□)こ分になります。

・筆算では，

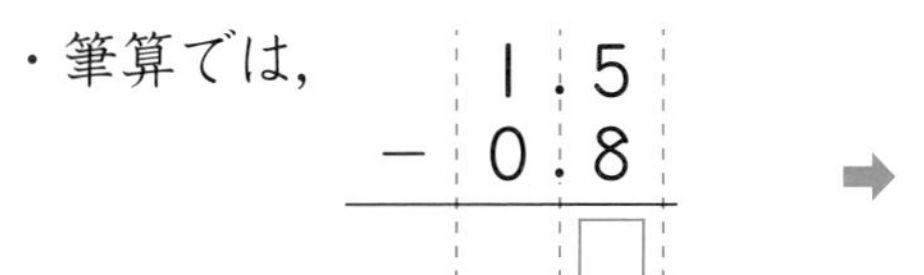

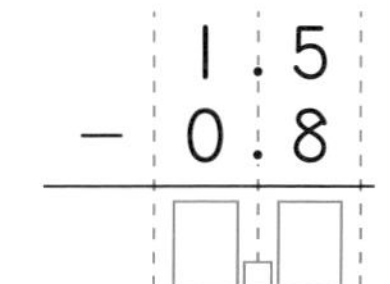

❶ 0.1をもとにすると，15－8＝7
❷ 一の位に0を書き，答えの小数点をうつ。

答え □

② 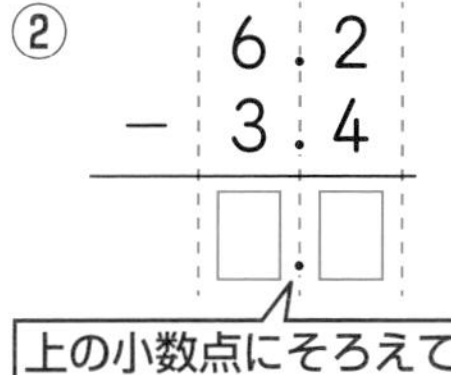

答え 

③ 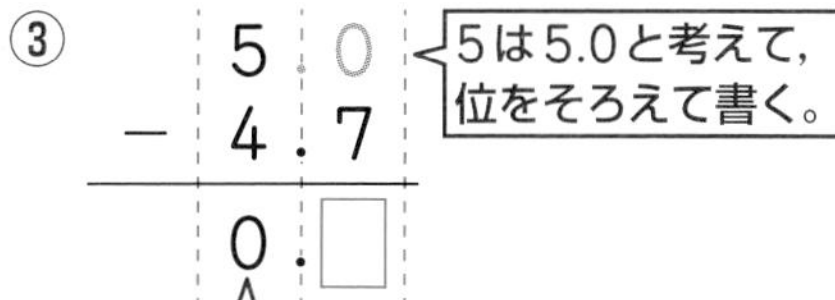


答え □

**2** 計算をしましょう。

❶ 0.8－0.5　　❷ 1.7－0.3　　❸ 3.2－3

❹ 1.4－0.9　　❺ 2.2－0.5　　❻ 1－0.4

❼ 7－0.8　　❽ 4.6－2.3　　❾ 6.1－4

❿ 7.9－3.9　　⓫ 5.4－1.5　　⓬ 8.4－7.6

⓭ 9－2.2　　⓮ 6－5.1　　⓯ 12.5－4.9

答え▶27ページ

# 18 小数のたし算とひき算

小数のたし算とひき算の計算を練習して，いろいろな問題をといてみよう。

レベル

**1** 計算をしましょう。

❶ 0.2＋0.8　　❷ 0.9＋0.6

❸ 5.3＋0.7　　❹ 4.8＋0.5

❺ 9.4＋0.9　　❻ 2.3＋5.8

❼ 3.8＋1.7　　❽ 4.6＋2.4

❾ 6.5＋3.5　　❿ 9.8＋7.9

**2** 計算をしましょう。

❶ 1.6−0.7　　❷ 3.1−0.5

❸ 1−0.8　　❹ 8−0.3

❺ 5.3−1.9　　❻ 9.4−8.8

❼ 6−4.5　　❽ 7−6.9

❾ 12−7.4　　❿ 10.7−2.8

**3** □にあてはまる等号や不等号を書きましょう。

❶ 2.1－0.7 □ 0.8＋0.5

❷ 2.6＋0.8 □ 4－0.6

**4** 8mのはり金のうち，きのう1.7m，今日3.9m使いました。

❶ 使ったはり金の長さは，あわせて何mですか。

式

答え（　　　　）

❷ のこったはり金の長さは何mですか。

式

答え（　　　　）

## できたらスゴイ！

**5** 右の図で，たて，横，ななめにならぶ3つの数をたした数が，すべて等しくなるようにします。㋐～㋔にあてはまる数を答えましょう。

| 2.2 | ㋐ | ㋑ |
|---|---|---|
| ㋒ | 3 | 2.5 |
| ㋓ | ㋔ | 3.8 |

**6** ももかさんの体重は33.6kgで，これは，かいとさんより2.8kg重く，先生より28.4kg軽いそうです。

❶ かいとさんの体重は何kgですか。

式

答え（　　　　）

❷ 先生の体重は何kgですか。

式

答え（　　　　）

**7** はばが15.3cmの紙を3まい，横にならべて黒板にじしゃくでとめます。はしを7mmずつ重ねてとめると，全体の横の長さは何cmになりますか。

式

答え（　　　　）

**ヒント**

❼ 全体の横の長さは，紙の重なりの分だけ，短くなるよ。3まいならべたとき，重なりはいくつあるか考えよう。

# 19 重さの表し方

答え▶28ページ

はりのさしている重さ(おも)は，大きいめもりからよんでいこう！

たしかめよう 標準レベル

## れい題1 重さのはかり方

右のはかりのめもりを見て答えましょう。

① このはかりでは，何gまではかれますか。

② いちばん小さい1めもりは，何gを表(あらわ)していますか。

③ はりのさしている重さは何gですか。

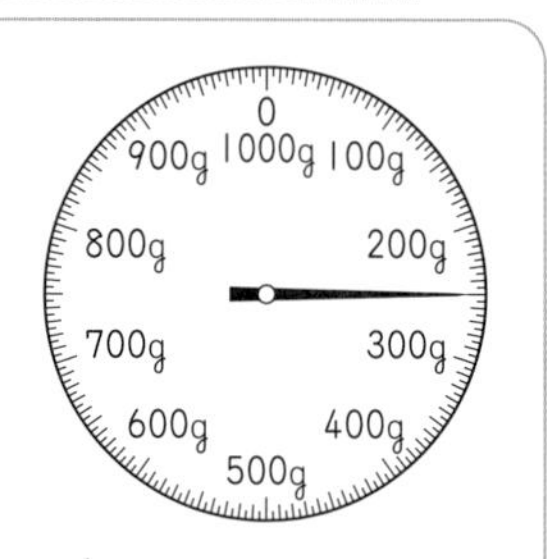


**とき方**

① めもりの0の下に書いてある [　　] gまではかることができます。

答え [　　] g

② いちばん小さい1めもりは，[　　] gを10こに分けた1つ分で，[　　] gを表しています。

答え [　　] g

③ 200gより [　　] g多いから，[　　] gです。

答え [　　] g

**1** 右のはかりのめもりを見て答えましょう。

❶ このはかりでは，何kgまではかれますか。(　　　　)

❷ いちばん小さい1めもりは，何gを表していますか。

(　　　　)

❸ はりのさしている重さは何kg何gですか。(　　　　)

**2** 右のはかりのめもりを見て答えましょう。

❶ はりのさしている重さは何gですか。

(　　　　)

❷ 370gを表すめもりに，↑をかきましょう。

**3** 右のはかりのめもりを見て答えましょう。

❶ はりのさしている重さは何gですか。

(　　　　)

❷ 1kg850gを表すめもりに，↑をかきましょう。

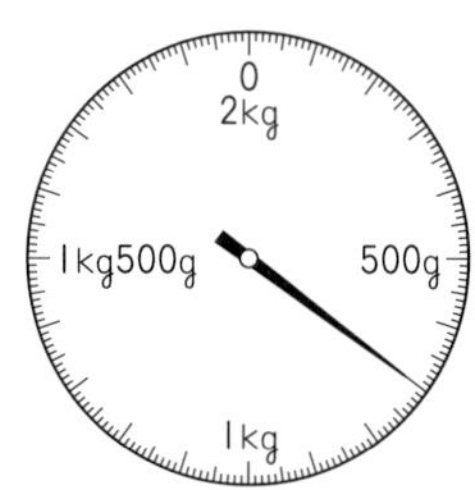

学習した日　　月　　日

１円玉硬貨(こうか)の重さは，ほぼ１gになるように作られているよ。

**れい題２　重さの計算**

□にあてはまる数を答えましょう。

① 1kg20g＝□g　　② 500g＋600g＝□kg□g

**とき方**　1kg＝1000gです。

① 1kg20g＝□g＋20g＝□g　　**答え** □g

② 500g＋600g＝□g＝□kg□g　　**答え** □kg□g

**4** □にあてはまる数を答えましょう。

❶ 2kg100g＝□g　　❷ 4kg30g＝□g

❸ 6500g＝□kg□g　　❹ 8070g＝□kg□g

**5** 次(つぎ)の計算をしましょう。

❶ 400g＋500g　　❷ 600g＋700g　　❸ 1kg200g＋800g

❹ 700g−300g　　❺ 1kg−400g　　❻ 1kg200g−900g

**れい題３　たんいのかん係(けい)**

□にあてはまる数を答えましょう。

① 2300kg＝□t□kg

② 1g＝ア mg，1kg＝イ g，1t＝ウ kg

**とき方**　1t＝1000kgです。

① 2000kg＋300kgと考えます。　　**答え** □t□kg

② 1000倍(ばい)のかん係です。　　**答え** ア□，イ□，ウ□

**6** 次の重さを，（　）の中のたんいで表しましょう。

❶ 2000kg（t）　❷ 3t（kg）　❸ 4500kg（tとkg）　❹ 1t60kg（kg）

**7** 次の□にあてはまる数を答えましょう。

❶ 1L＝ア mL，1L＝イ dL

❷ 1m＝ア mm，1km＝イ m，1m＝ウ cm，1cm＝エ mm

答え▶28ページ

# 19 重さの表し方

深めよう ハイレベル

重さのたんいが同じものをたしたりひいたりして計算しよう！

**1** 次の(　)にあてはまる重さのたんいを書きましょう。

❶ 図かん１さつの重さ………2(　　)　❷ はさみ１つの重さ…………50(　　)

❸ ゾウ１頭の体重……………6(　　)　❹ 自転車１台の重さ…………18(　　)

**2** はりのさしている重さを書きましょう。

❶

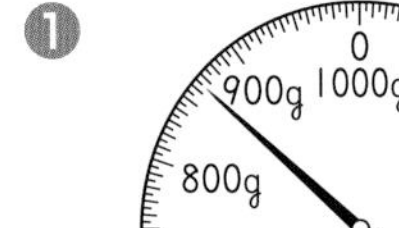

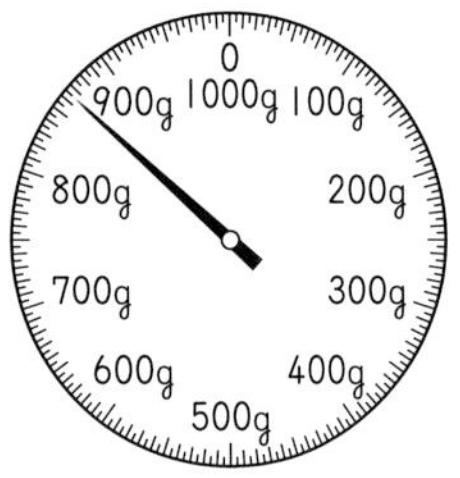


❷

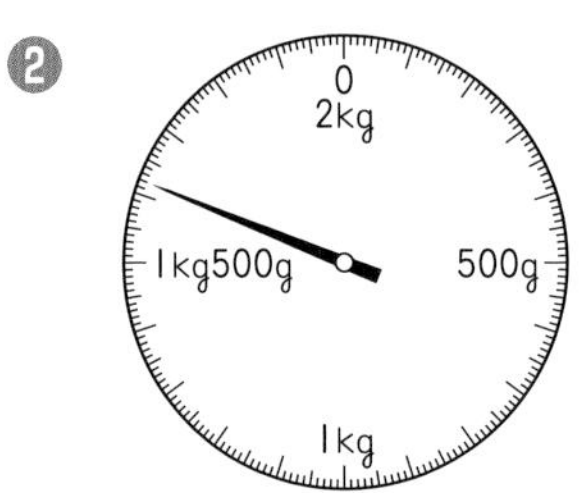


(　　　　)　(　　　　)

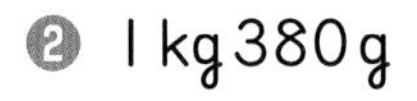

**3** 次の重さを表すめもりに，↑をかきましょう。

❶ 145g

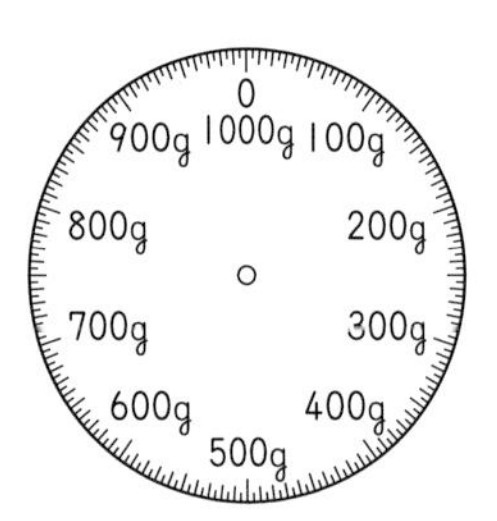


❷ 1kg380g

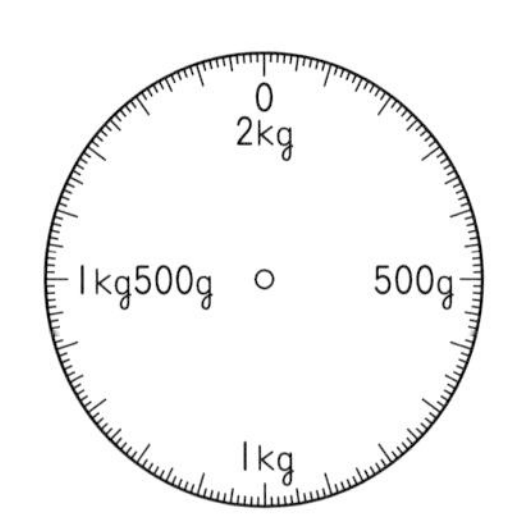


**4** □にあてはまる数を書きましょう。

❶ 4kg700g=□g　❷ 3800g=□kg□g

❸ 2kg90g=□g　❹ 5060g=□kg□g

**5** 次の㋐～㋓の重さをくらべて，重いじゅんに記号を書きましょう。また，3kgにいちばん近いものの記号を書きましょう。

㋐ 3kg25g　㋑ 3100g　㋒ 2kg99g　㋓ 2980g

じゅんばん(　　→　　→　　→　　)　いちばん近いもの(　　)

**6** 次の計算をしましょう。

❶ 160g＋840g　　❷ 1kg70g＋950g

❸ 2kg−770g　　❹ 3kg20g−1kg450g

**7** □にあてはまる数を書きましょう。

❶ 7650kg＝□t□kg　　❷ 4t80kg＝□kg

**8** なおさんの体重は27kg300gです。ねこをだいてはかったら，31kg200gになりました。ねこの体重は何kg何gですか。また，何gですか。

（　　　　），（　　　　）

**できたらスゴイ！**

**9** 消(け)しゴム2ことえん筆(ぴつ)けずり1こをあわせた重さは48gです。また，消しゴム1ことえん筆けずり2こをあわせた重さは42gです。ただし，えん筆けずりも消しゴムも，それぞれ重さが等(ひと)しいです。

❶ 消しゴムとえん筆けずりを1こずつあわせた重さは何gですか。

（　　　　）

❷ 消しゴム1この重さは何gですか。

（　　　　）

**10** えん筆とマジックとボールペンが1本ずつあります。えん筆とマジックを1本ずつあわせた重さは25g，マジックとボールペンを1本ずつあわせた重さは28g，えん筆とボールペンを1本ずつあわせた重さは17gです。えん筆1本の重さは何gですか。

（　　　　）

**ヒント**

**10** まず，えん筆2本の重さをもとめよう。
25○17△28の○と△それぞれに＋，−，×，÷のどれかをあてはめて計算した答えが，えん筆2本の重さになるよ。

答え▶29ページ

# 20 分数の表し方としくみ

標準レベル

何等分しているかを考えて，分数で表せるようになろう！

## れい題1 分数とわり算

66cmの $\frac{1}{3}$ の長さ，69cmの $\frac{1}{3}$ の長さをそれぞれもとめましょう。

**とき方** $\frac{1}{3}$ は□等分した1こ分だから，□算を使ってもとめます。

66÷3=□，69÷□=□ **答え** □cm，□cm

このように，もとの大きさがちがうと，その $\frac{1}{3}$ の大きさもちがいます。

**1** 次の□にあてはまる数を答えましょう。

❶ 88cmの $\frac{1}{4}$ は□cmです。 ❷ □Lの $\frac{1}{4}$ は12Lです。

## れい題2 分数の表し方

右の図の水のかさは何Lですか。また，$\frac{1}{5}$ Lの何こ分ですか。

1L

**とき方** 1Lを□等分した□こ分を□Lと書き，□分の□リットルと読みます。 **答え** □L，□こ分

**たいせつ** $\frac{1}{5}$ のような数を分数，5を分母，1を分子といいます。

**2** 色をぬったところの長さは何mですか。また，$\frac{1}{8}$ mの何こ分ですか。 (　　　)，(　　　)

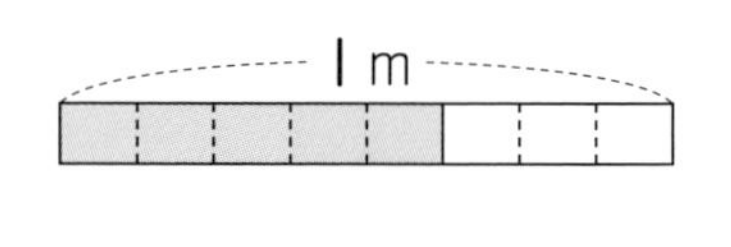


**3** $\frac{2}{4}$ mの分だけ色をぬりましょう。

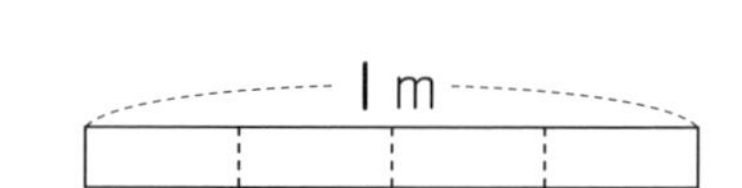


**4** 次のかさや長さを，分数を使って書きましょう。

❶ $\frac{1}{6}$ Lの5こ分 (　　　) ❷ $\frac{1}{7}$ mの4こ分 (　　　)

学習した日　　月　　日

千円札や一万円札などの日本のお札も，１まいの重さがほぼ１gになるように作られているよ。金がくは１円よりもずっと大きいけれど，同じ重さなんだね。

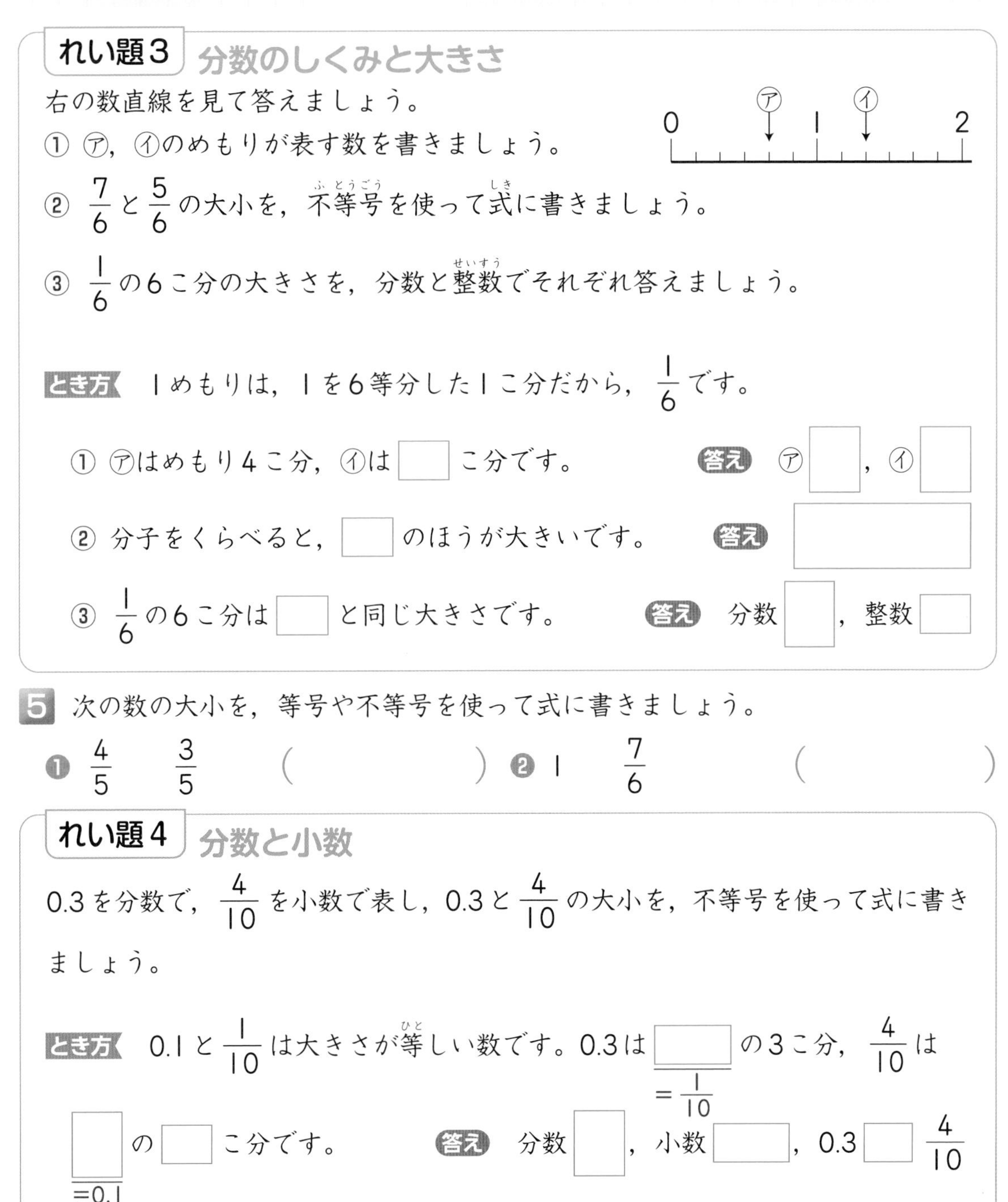

**れい題３** 分数のしくみと大きさ

右の数直線を見て答えましょう。

① ㋐，㋑のめもりが表す数を書きましょう。

② $\frac{7}{6}$ と $\frac{5}{6}$ の大小を，不等号を使って式に書きましょう。

③ $\frac{1}{6}$ の６こ分の大きさを，分数と整数でそれぞれ答えましょう。



**とき方** １めもりは，１を６等分した１こ分だから，$\frac{1}{6}$ です。

① ㋐はめもり４こ分，㋑は□こ分です。　**答え** ㋐□，㋑□

② 分子をくらべると，□のほうが大きいです。　**答え** □

③ $\frac{1}{6}$ の６こ分は□と同じ大きさです。　**答え** 分数□，整数□

**5** 次の数の大小を，等号や不等号を使って式に書きましょう。

❶ $\frac{4}{5}$　$\frac{3}{5}$　（　　　　）　❷ １　$\frac{7}{6}$　（　　　　）

**れい題４** 分数と小数

0.3を分数で，$\frac{4}{10}$ を小数で表し，0.3と $\frac{4}{10}$ の大小を，不等号を使って式に書きましょう。

**とき方** 0.1と $\frac{1}{10}$ は大きさが等しい数です。0.3は□（$=\frac{1}{10}$）の３こ分，$\frac{4}{10}$ は□（$=0.1$）の□こ分です。　**答え** 分数□，小数□，0.3□$\frac{4}{10}$

**6** 0.8を分数で，$\frac{7}{10}$ を小数で表しましょう。また，□にあてはまる不等号を書きましょう。　分数（　　　），小数（　　　），0.8□$\frac{7}{10}$

答え▶30ページ

# 20 分数の表し方としくみ

分数のしくみを使って問題に答えたり大小をくらべたりしよう！

**1** 次の□にあてはまる数を答えましょう。

❶ 84Lの$\frac{1}{4}$は□Lです。　❷ □gの$\frac{1}{4}$は25gです。

❸ 28cmの□は4cmです。　❹ $\frac{6}{11}$Lは□Lの6こ分です。

❺ $\frac{1}{8}$の□こ分が1，□こ分が2です。

**2** 正方形1つと円1つの広さをそれぞれ1として，色をぬったところの広さを分数で表しましょう。

❶ 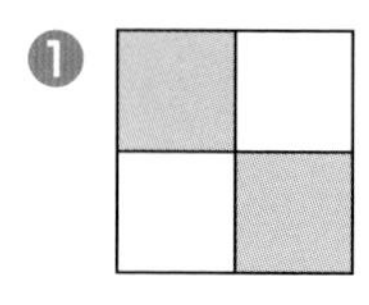
（　　）

❷ 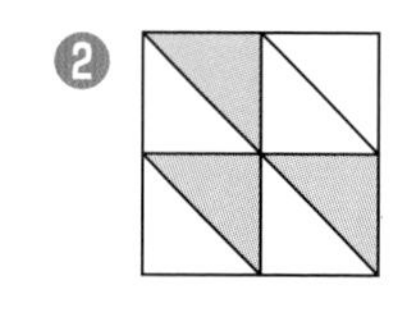
（　　）

❸ 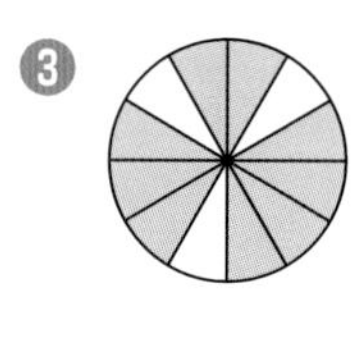
（　　）

**3** 次の長さやかさを，分数を使って書きましょう。

❶ 1kmを6等分した5こ分の長さ
（　　）

❷ 1Lを7等分した8こ分のかさ
（　　）

**4** 次の小数は分数で，分数は小数で表しましょう。

❶ 0.9 （　　）　❷ $\frac{8}{10}$ （　　）

❸ 1.2 （　　）　❹ $\frac{15}{10}$ （　　）

**5** 次の数の大小を，等号や不等号を使って式に書きましょう。

❶ $\frac{4}{6}$　$\frac{5}{6}$　❷ $\frac{8}{7}$　$\frac{6}{7}$　❸ $\frac{9}{8}$　1

❹ 2　$\frac{18}{9}$　❺ 0.7　$\frac{8}{10}$　❻ 0.5　$\frac{5}{10}$

❼ 0　$\frac{1}{10}$　❽ $\frac{13}{10}$　0.3　❾ $\frac{9}{10}$　$\frac{10}{9}$

**6** 右の数直線で，㋐と㋑のめもりが表す大きさのちがいが $\frac{3}{5}$ のとき，㋒のめもりが表す分数はいくつですか。　（　　　）

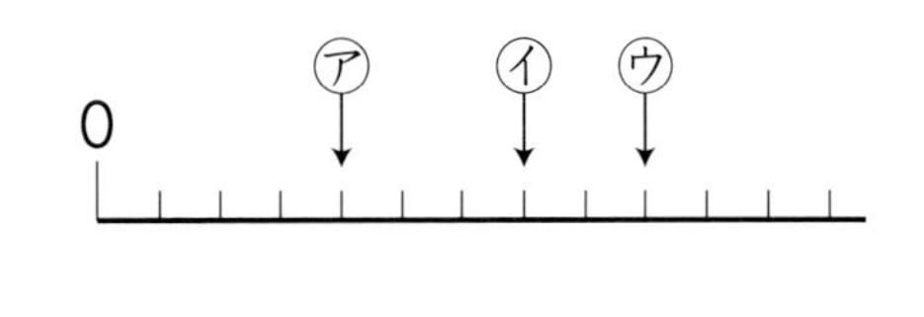


**7** 次の□にあてはまる数を答えましょう。

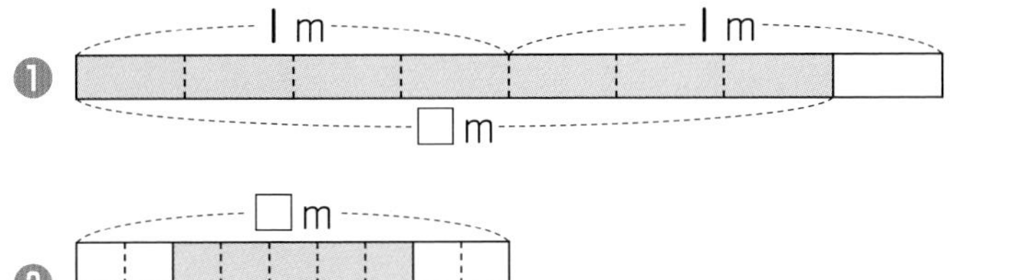


❶（　　　）

❷（　　　）

**できたらスゴイ！**

**8** 右の図のように，5まいの数字のカードがあります。このカードを2まい使って分数をつくります。

3 5 6 6 7

❶ いちばん小さい分数を書きましょう。　（　　　）

❷ 整数（せいすう）で表すことができる分数をすべて書きましょう。　（　　　）

**9** 次の数を，小さいじゅんに書きましょう。

1.1，$\frac{12}{12}$，$\frac{14}{7}$，0，$\frac{19}{10}$，$\frac{15}{16}$

（　→　→　→　→　→　）

**10** 右の図のように，同じはばでならんだ直線を使って，直線アイの上にあり，直線アソの長さが直線アイの長さの $\frac{1}{2}$ になる点ソをかきました。同じようにして，直線キクの上にあり，直線キタの長さが直線キクの長さの $\frac{1}{3}$ になる点タをかきましょう。

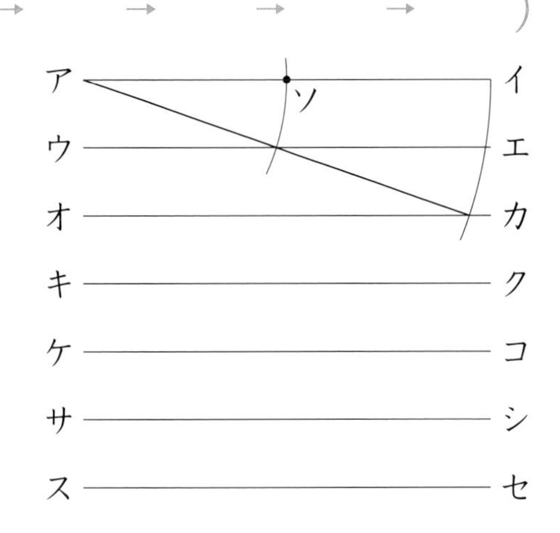


**ヒント**

**10** 4本の直線（直線キク，ケコ，サシ，スセ）を使ってななめの線をかき，3等分した1こ分の長さを直線キクの上にうつしとろう。

答え▶31ページ

# 21 分数のたし算とひき算

標準レベル

分子だけをたしたりひいたりして計算することができているかをたしかめよう！

**れい題1** 分数のたし算

次(つぎ)の計算をしましょう。

① $\frac{2}{9}+\frac{6}{9}$　　② $\frac{10}{13}+\frac{3}{13}$

**とき方** ①は $\frac{1}{9}$ の何こ分，②は $\frac{1}{13}$ の何こ分かを考えて計算します。

① $\frac{2}{9}$ は $\frac{1}{9}$ の2こ分，$\frac{6}{9}$ は $\frac{1}{9}$ の6こ分だから，2+6=□ より，

$\frac{1}{9}$ の□こ分なので，$\frac{2}{9}+\frac{6}{9}=$□

② $\frac{10}{13}$ は $\frac{1}{13}$ の10こ分，$\frac{3}{13}$ は $\frac{1}{13}$ の3こ分だから，10+□=□

より，$\frac{1}{13}$ の□こ分なので，$\frac{10}{13}+\frac{3}{13}=\frac{13}{13}=$□

分母と分子が同じ数のときは□と答えましょう。

**たいせつ**

分母が同じ分数のたし算は，分母をそのままにして，分子だけをたします。

**1** 次の計算をしましょう。

❶ $\frac{1}{3}+\frac{1}{3}$　　❷ $\frac{3}{6}+\frac{2}{6}$　　❸ $\frac{2}{5}+\frac{1}{5}$

❹ $\frac{6}{11}+\frac{3}{11}$　　❺ $\frac{4}{8}+\frac{4}{8}$　　❻ $\frac{5}{12}+\frac{7}{12}$

**2** まいさんは，漢字(かんじ)の書き取(と)りを $\frac{2}{8}$ 時間，読み取りを $\frac{1}{8}$ 時間学習(がくしゅう)しました。漢字を学習した時間は全部(ぜんぶ)で何時間ですか。

式(しき)

答え（　　　　）

**3** $\frac{4}{10}$ より0.5大きい数を分数で答えましょう。　（　　　）

学習した日　　　月　　　日

角が３つある図形を三角形といったね。同じように，角が５つなら五角形，６つなら六角形と，どんどんふえていくね。正五角形，正六角形という形もあるよ。

## れい題２　分数のひき算

次の計算をしましょう。

①　$\frac{6}{8}-\frac{2}{8}$　　　②　$1-\frac{7}{10}$

**とき方**　①は$\frac{1}{8}$の何こ分，②は$\frac{1}{10}$の何こ分かを考えて計算します。

①　$\frac{6}{8}$は$\frac{1}{8}$の６こ分，$\frac{2}{8}$は$\frac{1}{8}$の２こ分だから，$6-2=\square$より，

$\frac{1}{8}$の$\square$こ分なので，$\frac{6}{8}-\frac{2}{8}=\square$

答え　$\square$

②　１を分母と分子が同じ数の分数にかえて計算します。

$1=\frac{10}{10}$で$\frac{1}{10}$の１０こ分，$\frac{7}{10}$は$\frac{1}{10}$の$\square$こ分だから，

$10-\square=\square$より，$\frac{1}{10}$の$\square$こ分なので，$1-\frac{7}{10}=\square$

答え　$\square$

**たいせつ**

分母が同じ分数のひき算は，分母をそのままにして，分子だけをひきます。

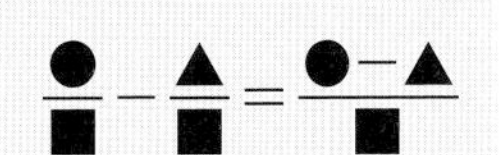

**４**　次の計算をしましょう。

❶　$\frac{5}{6}-\frac{1}{6}$　　❷　$\frac{8}{9}-\frac{6}{9}$　　❸　$\frac{10}{11}-\frac{4}{11}$

❹　$\frac{3}{4}-\frac{3}{4}$　　❺　$1-\frac{2}{7}$　　❻　$1-\frac{9}{14}$

**５**　さとうが$\frac{12}{13}$kgあります。何kgか使（つか）ったので，のこりが$\frac{5}{13}$kgになりました。何kg使いましたか。

式

答え（　　　　）

**６**　0.8と$\frac{6}{10}$のちがいを分数で答えましょう。　（　　　　）

答え▶31ページ

# 21 分数のたし算とひき算

ハイレベル

分数の計算の練習をして，文章題にもちょうせんしよう！

**1** 次の計算をしましょう。

❶ $\frac{1}{4}+\frac{2}{4}$　❷ $\frac{9}{10}+\frac{1}{10}$　❸ $\frac{3}{8}+\frac{3}{8}$

❹ $\frac{4}{14}+\frac{7}{14}$　❺ $\frac{13}{20}+\frac{6}{20}$　❻ $\frac{2}{6}+\frac{4}{6}$

**2** 次の計算をしましょう。

❶ $\frac{5}{7}-\frac{3}{7}$　❷ $\frac{8}{5}-\frac{6}{5}$　❸ $1-\frac{5}{14}$

❹ $\frac{12}{17}-\frac{8}{17}$　❺ $\frac{11}{13}-\frac{6}{13}$　❻ $\frac{13}{15}-\frac{6}{15}$

**3** 次の□にあてはまる等号や不等号を答えましょう。

❶ $\frac{2}{7}+\frac{2}{7}$ □ $\frac{5}{7}$　❷ $\frac{8}{11}+\frac{3}{11}$ □ $\frac{5}{12}+\frac{7}{12}$

❸ $\frac{3}{2}$ □ $1-\frac{3}{8}$　❹ $\frac{4}{12}+\frac{6}{12}$ □ $1.2$

❺ $\frac{7}{10}-0.6$ □ $\frac{7}{9}-\frac{6}{9}$　❻ $\frac{9}{10}+\frac{1}{2}$ □ $0.9+\frac{1}{4}$

**4** 1Lの牛にゅうを，みことさんと弟が$\frac{1}{5}$Lずつ飲みました。

❶ 2人が飲んだ牛にゅうは，あわせて何Lですか。

式

答え（　　　）

❷ 牛にゅうは，あと何Lのこっていますか。

式

答え（　　　）

**5** ある数から$\frac{7}{13}$をひくと答えが$\frac{4}{13}$になりました。ある数をもとめましょう。

式

答え（　　　）

**6** 緑（みどり），ピンク，黄色のリボンが1本ずつあります。緑のリボンの長さは$\frac{3}{10}$mで，ピンクのリボンの長さは，緑のリボンの長さより0.4m長いです。また，黄色のリボンの長さは，緑とピンクのリボンをあわせた長さより$\frac{1}{6}$m短（みじか）いです。

❶ ピンクのリボンの長さは何mですか。分数で答えましょう。

**式**

**答え**（　　　　）

❷ 黄色のリボンの長さは何mですか。

**式**

**答え**（　　　　）

**7** まっすぐな道にそって，駅（えき），図書館（としょかん），公園，市役所（しやくしょ）がじゅんにならんでいます。駅から図書館までの道のりは$\frac{8}{19}$kmで，駅から公園までの道のりよりも$\frac{2}{19}$km短く，公園から市役所までの道のりよりも$\frac{3}{19}$km長いそうです。駅から市役所までの道のりは何kmですか。

**式**

**答え**（　　　　）

## できたらスゴイ！

**8** 赤と青のボールがあります。赤のボール1こ分の重（おも）さは，青のボール1こ分の重さよりも$\frac{1}{9}$kg重く，青のボール2こ分の重さよりも$\frac{3}{9}$kg軽（かる）いです。赤のボール1こ分の重さは何kgですか。

**式**

**答え**（　　　　）

**9** 右の図で，たて，横（よこ），ななめにならぶ3つの数をたした数が，すべて等（ひと）しくなるようにします。㋐にあてはまる数を答えましょう。

（　　　　）

| | | |
|---|---|---|
| $\frac{8}{17}$ | | |
| | $\frac{7}{17}$ | |
| ㋐ | $\frac{11}{17}$ | |

**ヒント**

**9** $\frac{11}{17}$の右横にあてはまる数を□とすると，ななめにならぶ3つの数をたした$\frac{8}{17}+\frac{7}{17}+$□の答えと，横にならぶ3つの数をたした㋐$+\frac{11}{17}+$□の答えは等しいよ。

# 思考力育成問題

答え▶33ページ

おもりを組み合わせていろいろな重さをつくる問題をとこう。

## はかれる重さを調べよう！

ひびきさんが，てんびんを使った理科のじっけん教室にさんかしました。そのときのノートを見て，あとの問題に答えましょう。

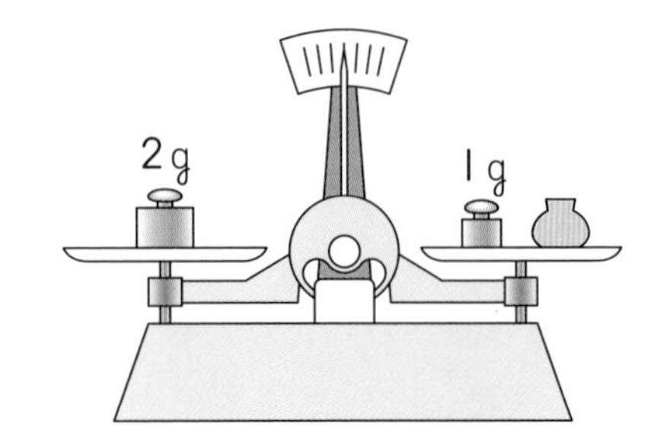


〈じっけん１〉

(1) 使ったおもり…1gと2gのおもり1こずつ

(2) やってみてわかったこと

㋐ 右のさらにはかるもの，左のさらに1gのおもりをのせるとつり合った。
→はかるものの重さは1g

㋑ 右上の図のように，右のさらにはかるものと1gのおもり，左のさらに2gのおもりをのせるとつり合った。
→はかるものの重さは，2g−1g=1g

㋒ 右のさらにはかるもの，左のさらに2gのおもりをのせるとつり合った。
→はかるものの重さは2g

㋓ 右のさらにはかるもの，左のさらに1gと2gのおもりをのせるとつり合った。
→はかるものの重さは，1g+2g=3g

(3) まとめ

1gと2gのおもりが1こずつあるとき，1g，2g，3gの重さをはかることができ，おもりののせ方は全部で4とおりある。
左のさらにのせるおもりを○，右のさらにのせるおもりを△，使わないおもりを×として表に整理すると，次のようになる。

| はかる重さ／おもり | 1g | | 2g | 3g |
|---|---|---|---|---|
| 1g | ○ | △ | × | ○ |
| 2g | × | ○ | ○ | ○ |

〈じっけん2〉

(1) 使ったおもり…1gと2gと3gのおもり1こずつ

(2) やってみてわかったこと

㋐ 右のさらにはかるものと2gのおもり，左のさらに1gと3gのおもりをのせるとつり合った。

→はかるものの重さは，1g＋3g－2g＝ ① g

㋑ 右のさらにはかるもの，左のさらに1gと2gのおもりをのせるとつり合った。

→はかるものの重さは，1g＋2g＝3g

㋒ 右のさらにはかるものと1gのおもり，左のさらに2gと3gのおもりをのせるとつり合った。

→はかるものの重さは，2g＋ ② g－ ③ g＝ ④ g

(3) まとめ

1gと2gと3gのおもりが1こずつあるとき，1gから ⑤ gまでの，1gごとの重さをはかることができ，おもりののせ方は全部で12とおりある。

〈じっけん1〉と同じように表に整理すると，次のようになる。

| はかる重さ／おもり | 1g | | | 2g | | | 3g | | | | | |
|---|---|---|---|---|---|---|---|---|---|---|---|---|
| 1g | ○ | △ | | × | | | × | | ○ | | × | |
| 2g | × | ○ | △ | ○ | | | × | | × | | | |
| 3g | × | × | ○ | × | ○ | | ○ | | ○ | | | |

❶ 上の①～⑤にあてはまる数を書きましょう。

①（　　）②（　　）③（　　）④（　　）⑤（　　）

❷ 〈じっけん2〉(3)の表のあいているところに数とたんい，○，△，×を書きくわえて，表をかんせいさせましょう。

**ヒント**

❶ 左のさらにのせるおもりの重さをたし，右のさらにのせるおもりの重さをひこう。

❷ 〈じっけん1〉の表をさんこうにするといいよ。

# 22 三角形と角

答え▶33ページ

二等辺三角形と正三角形のせいしつをおぼえて，角の大きさを考えよう！

たしかめよう 標準レベル

## れい題1 二等辺三角形と正三角形

右の㋐～㋕の三角形の中から，二等辺三角形をすべてえらび，記号で答えましょう。

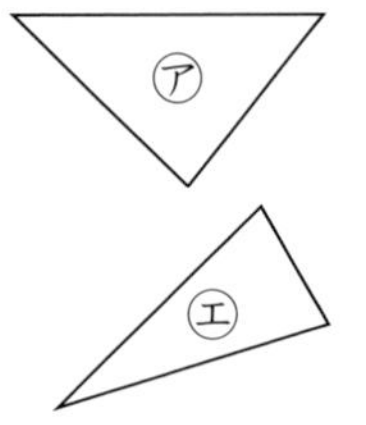


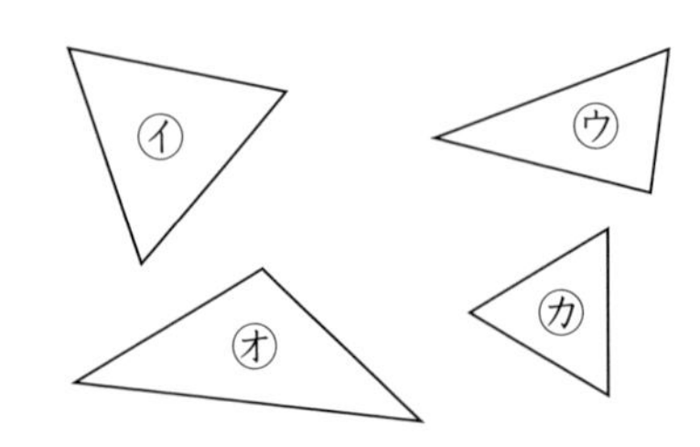


とき方 [　　]つの[　　]の長さが等しい三角形を二等辺三角形といいます。[　　　　]を使って，[　　]の長さをくらべましょう。 答え [　　　　]

**1** 上の㋐～㋕の三角形の中から，正三角形をすべてえらび，記号で答えましょう。

（　　　　）

## れい題2 三角形のかき方

辺の長さが4cm，6cm，6cmの二等辺三角形をかきましょう。

とき方 ① [　　]cmの長さの辺アイをかきます。

② アの点を中心に，半径[　　]cmの円の一部をかきます。

③ イの点を中心に，半径[　　]cmの円の一部をかきます。

④ ②の円と③の円が交わる点を[　　]として，アとウ，イとウをそれぞれ直線でむすびます。

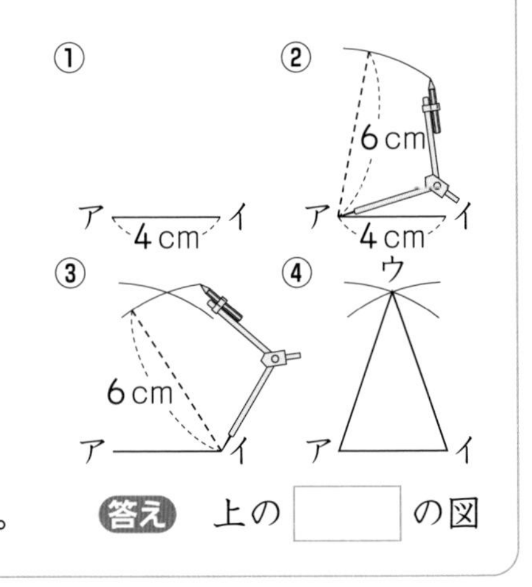


答え 上の[　　]の図

**2** 次の三角形をかきましょう。

❶ 辺の長さが5cm，3cm，3cm

❷ どの辺の長さも2.5cm

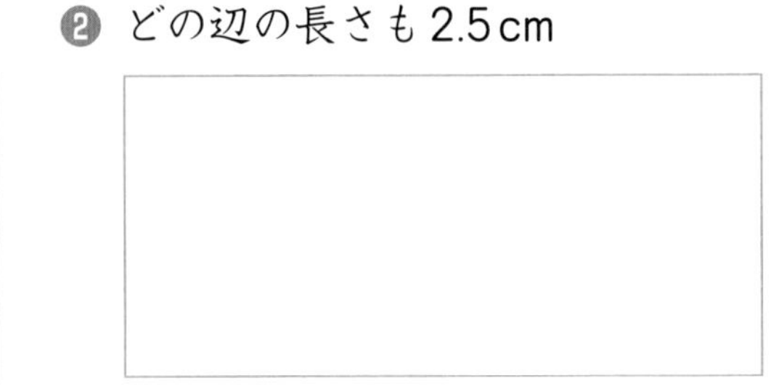

物知り算数 豆ちしき

三角形をした「トライアングル」という楽器(がっき)があるのを知っているかな？英語(えいご)で書くと「triangle」だよ。そのものずばり，三角形という意味(いみ)だよ！

## れい題３　三角形と角

１組の三角じょうぎを右のように重(かさ)ねたとき，次の角の大きさについて，□にあてあまる等号か不等号を答えましょう。

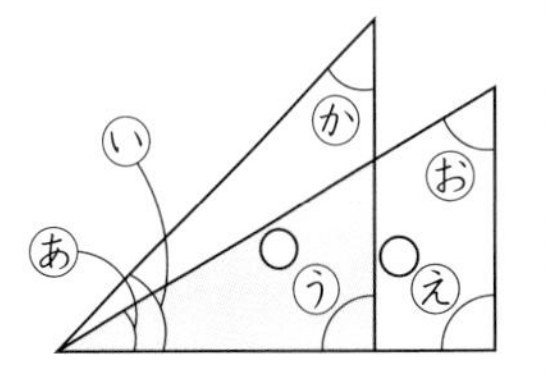

① う□え　　② お□か

③ い□か　　④ あ□か

**とき方**　１つのちょう点からでている２つの辺がつくる形を角といいます。角をつくっている辺の開(ひら)きぐあいを，角の大きさといい，辺の長さにかん係(けい)なく，辺の開きぐあいだけで決(き)まります。

① うとえの大きさは等しい。

答え　う□え

② おの大きさは，かの大きさよりも□い。

答え　お□か

③ いとかの大きさは□。

答え　い□か

④ あの大きさは，かの大きさよりも□い。

答え　あ□か

**3**　右の１組の三角じょうぎで，あ～えの角の大きさをくらべて，大きいじゅんに書きましょう。

（　　→　　→　　→　　）

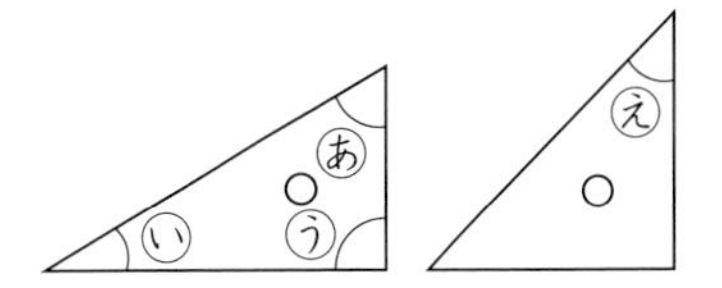


**4**　次の図のように，同じ大きさの三角じょうぎを２まいならべると，それぞれ何という三角形ができますか。

❶

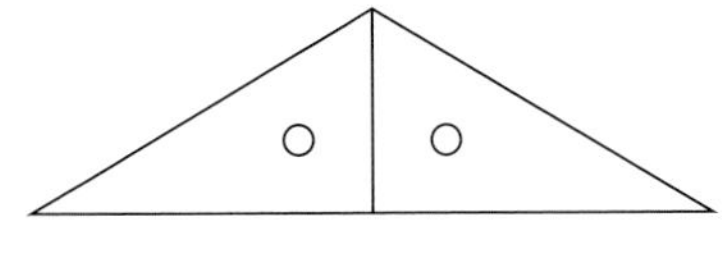

（　　　　）

❷

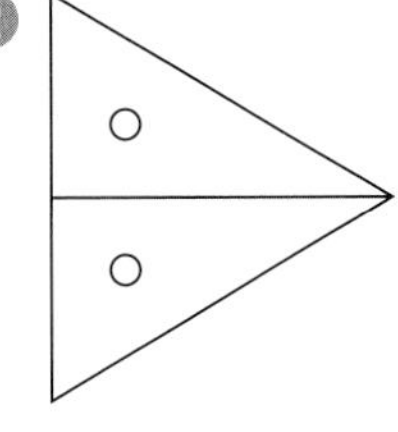

（　　　　）

**5**　次の三角形で，大きさが等しい角をすべて書きましょう。ただし，同じしるしのついた辺の長さは等しいです。

❶

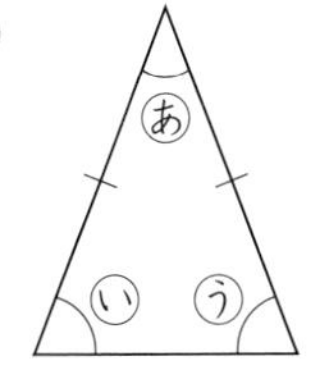


（　　　　）

❷

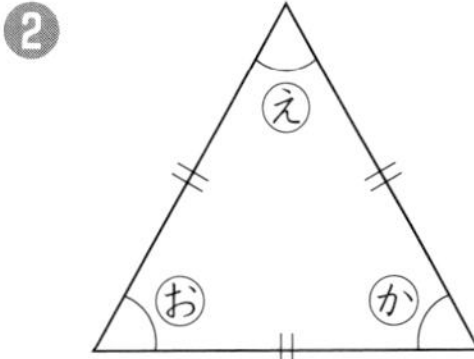


（　　　　）

答え▶33ページ

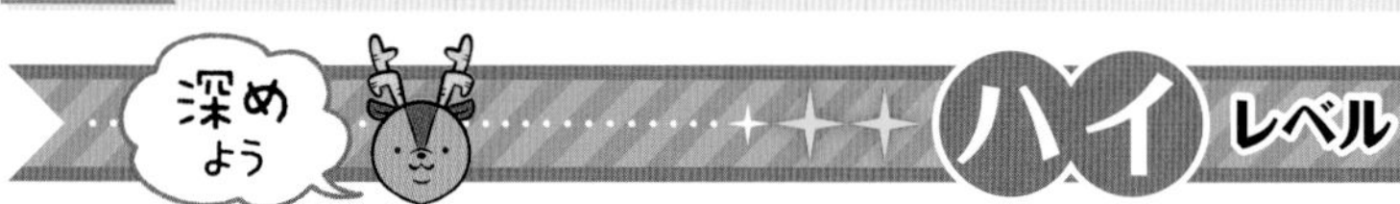

# 22 三角形と角

深めよう ハイレベル

辺の長さや角の大きさ，円の半径や直径を使って問題をといていこう！

**1** まわりの長さが12cmの正三角形をかきましょう。

**2** 次の㋐〜㋒のうち，二等辺三角形ができるのはどれですか。記号で答えましょう。また，その三角形をかきましょう。

㋐ 辺の長さが4cm，2cm，2cm

㋑ 辺の長さが5.5cm，3.5cm，3.5cm

㋒ 辺の長さが6cm，2.5cm，2.5cm

記号（　　　）

**3** 長方形の紙を半分におって，右の図のように，線をひいて切り取ります。広げてできる三角形が正三角形になるとき，アイの長さは何cmですか。

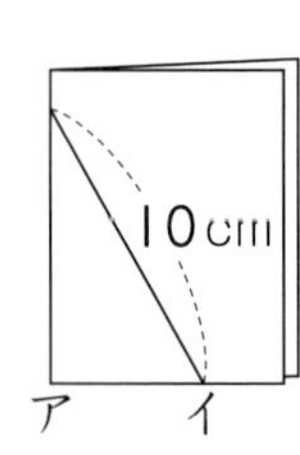


（　　　　　）

**4** 右の図で，アの点は直径が18cmの円の中心で，角㋔と角㋕の大きさは等しいです。

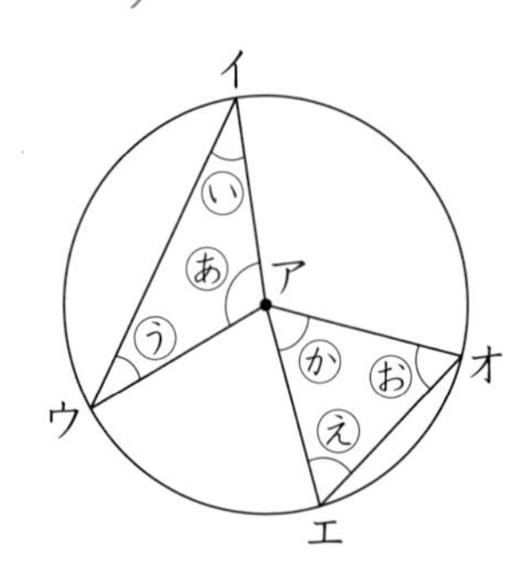


❶ アイとエオの長さは，それぞれ何cmですか。

アイ（　　　　　），エオ（　　　　　）

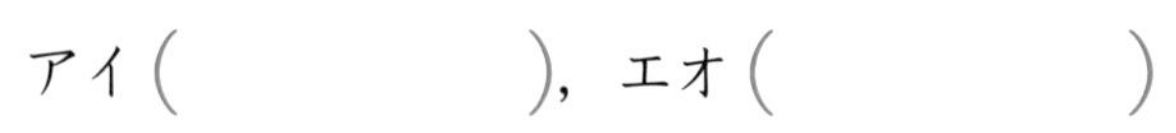

❷ いと大きさの等しい角を答えましょう。また，かと大きさの等しい角をすべて答えましょう。

い（　　　），か（　　　　　）

**5** 右の図は，まわりの長さが24cmの正三角形の紙をおったもので，ちょう点オが辺イウの上にあります。

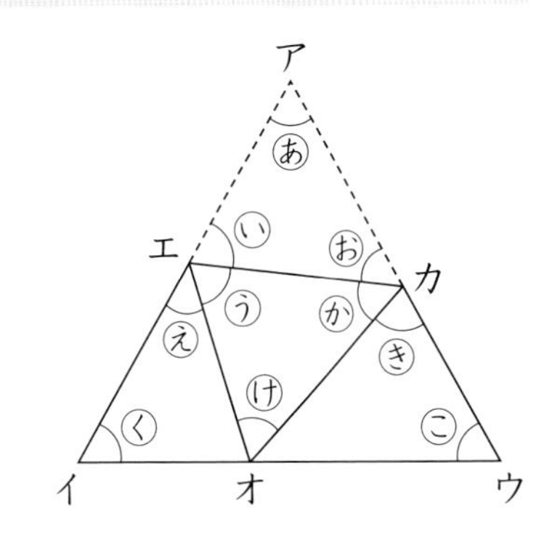


❶ ⓚと大きさの等しい角をすべてえらびましょう。

（　　　　）

❷ 三角形エイオと三角形オウカのまわりの長さをあわせると，何cmになりますか。

（　　　　）

**できたらスゴイ！**

**6** 右の図は，点ア，イ，ウを中心として半径8cmの円を3つかいたもので，点エ，オ，カは2つの円が交わっている点，点キは円のまわりの点です。点ア～キの中から3この点をえらんで三角形をつくります。□にあてはまる数を答えましょう。

❶ 三角形アカキのまわりの長さが27cmのとき，辺カキの長さは□cmです。

❷ 大きさのちがう正三角形は，□しゅるいあります。

❸ 3つの角の大きさがすべて等しい三角形は，□こあります。

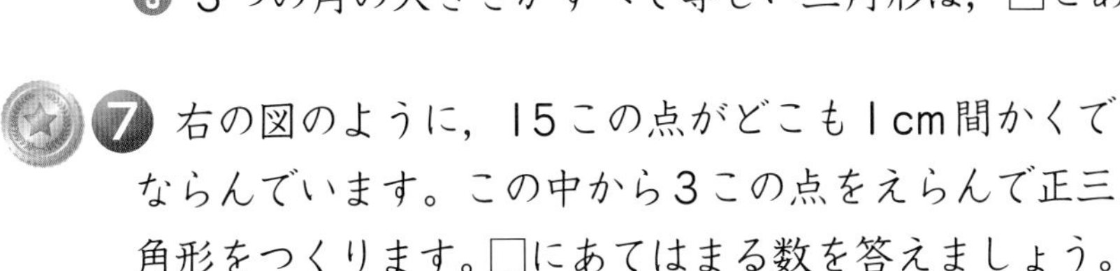

**7** 右の図のように，15この点がどこも1cm間かくでならんでいます。この中から3この点をえらんで正三角形をつくります。□にあてはまる数を答えましょう。

❶ 点アを1つのちょう点とする正三角形は□しゅるい，□こあります。

❷ 点イを1つのちょう点とする正三角形は□しゅるい，□こあります。

❸ 点ウを1つのちょう点とする正三角形は□しゅるい，□こあります。

**！ヒント**

❼ 1辺(へん)の長さが1cmの正三角形が何こ，2cmが何こ，3cmが何こ，…というように，1しゅるいずつ数えていこう。
上にとがった形(△)だけでなく，下にとがった形(▽)もあるよ。

答え▶34ページ

# 23 (2けたの数)×(2けたの数)のかけ算

何十をかけるかけ算や，(2けた)×(2けた)の筆算(ひっさん)ができるようになろう。

標準レベル

## れい題1 (2けたの数)×(2けたの数)の計算①

計算をしましょう。

① 32×20　　② 13×24

**とき方** ① ●×(▲×■)＝(●×▲)×■を使(つか)って考えます。

② 筆算で，下のように計算します。

① 32×20＝32×(　　×10)＝(32×　　)×10だから，

32×20は，32×2＝　　で，　　が10こ分です。

**たいせつ**
かけ算では，かける数が10倍(ばい)になると，答えも10倍になります。

答え

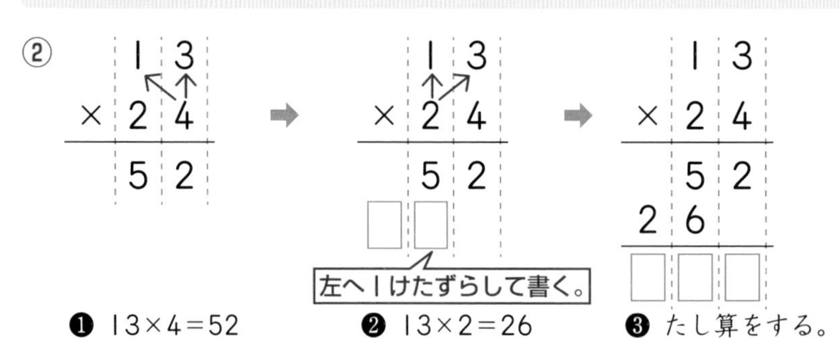


答え

## 1 計算をしましょう。

❶ 8×90　　❷ 12×40　　❸ 60×30

❹ 12×34　　❺ 23×21　　❻ 14×24

❼ 24×32　　❽ 16×34　　❾ 25×23

❿ 21×35　　⓫ 13×28　　⓬ 22×45

⓭ 16×57　　⓮ 27×34　　⓯ 26×38

マンホールのふたは丸い形をしているね。ふたがずれたときに，丸ければ，あなで引っかかって落ちる心配がほとんどなくなるから，丸い形なんだって！

## れい題２　(２けたの数)×(２けたの数)の計算②

計算をしましょう。

① 58×43　　② 97×20　　③ 6×72

**とき方**　③は，かけ算のきまりを使います。右の計算のほうがかんたんです。

①

```
   5 8        5 8         5 8
 × 4 3  →   × 4 3  →    × 4 3
 1 7 4      1 7 4       1 7 4
           □□□        2 3 2
                      □□□□
```

左へ１けたずらして書く。

❶ 58×3＝174　❷ 58×4＝232　❸ たし算をする。

答え □

②

```
   9 7
 × 2 0
   0 0   ← ここをはぶく。
 1 9 4
 □
```

```
   9 7
 × 2 0
 □□□0
```

一の位に０を書く。

③

```
    6
 × 7 2
   1 2
  4 2
  □
```

6×72＝72×6を使って…

```
   7 2
 ×   6
 □□2
```

答え □　　答え □

## 2 計算をしましょう。

❶ 21×54　　❷ 32×43　　❸ 34×32

❹ 23×53　　❺ 33×42　　❻ 17×64

❼ 26×43　　❽ 27×53　　❾ 36×42

❿ 31×45　　⓫ 19×67　　⓬ 28×47

## 3 計算をしましょう。

❶ 65×40　　❷ 79×60

❸ 5×46　　❹ 7×98

答え▶35ページ

# 23 (2けたの数)×(2けたの数)のかけ算

深めよう ハイレベル

(2けた)×(2けた)のかけ算の練習(れんしゅう)をして，いろいろな問題(もんだい)をといてみよう。

**1** 計算をしましょう。

❶ 28×24　　❷ 29×32

❸ 33×29　　❹ 37×23

❺ 34×23　　❻ 39×25

❼ 37×27　　❽ 43×23

**2** 計算をしましょう。

❶ 39×32　　❷ 18×67

❸ 29×54　　❹ 43×32

❺ 38×35　　❻ 19×87

❼ 42×34　　❽ 46×42

❾ 44×52　　❿ 32×94

⓫ 45×89　　⓬ 88×76

**3** 計算をしましょう。

❶ 68×90　　❷ 9×56

**4** 38まいの方がん紙を1人分にして，子どもに配(くば)ります。94人に配るには，方がん紙は何まいいりますか。

式(しき)

答え（　　　　）

**5** ビーズが，800こあります。

❶ 42このビーズを使(つか)って作るかざりを，17こ作りました。のこったビーズは何こですか。

式

答え（　　　　）

❷ さらに，26このビーズを使ってつくるかざりを，12こ作りたいと思います。ビーズをあと何こ買いたせばよいですか。

式

答え（　　　　）

**できたらスゴイ！**

**6** 5，6，7の3つの数字を，答えがいちばん大きくなるように，右のア，イ，ウにあてはめましょう。

また，そのときの答えも書きましょう。

|   | ア | イ |
|---|---|---|
| × | ウ | 8 |

ア（　　），イ（　　），ウ（　　）　答え（　　　　）

**7** そうたさんの学校全体(ぜんたい)で，社会見学に行きます。54人乗(の)りのバス14台に乗ると，12台のバスは3つずつ席(せき)が空き，のこりのバスは6つずつ席が空きます。社会見学に行く人数は，何人ですか。

式

答え（　　　　）

**ヒント**

**7** バスの全部(ぜんぶ)の席の数から空いている席の数をひくと，バスに乗る人数がわかるね。

答え▶36ページ

# 24 (3けたの数)×(2けたの数)のかけ算

(3けた)×(2けた)の筆算(ひっさん)のしかたを学習(がくしゅう)しよう。

たしかめよう 標準レベル

## れい題1 (3けたの数)×(2けたの数)の計算①

計算をしましょう。

① 392×24　② 564×72

**とき方** かけられる数が3けたになっても，筆算で，同じように計算できます。

①

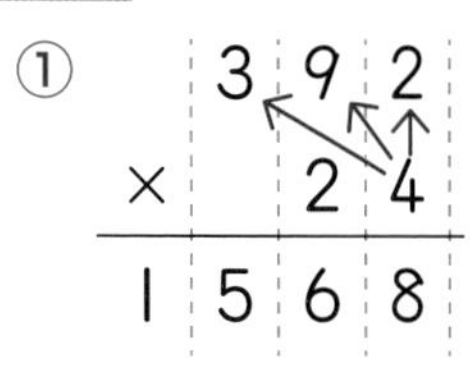

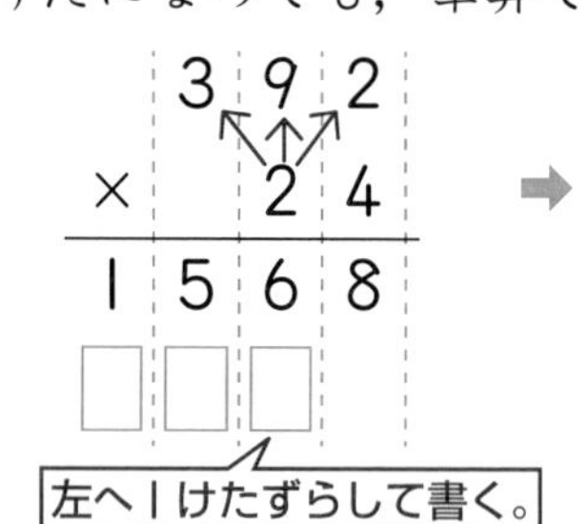



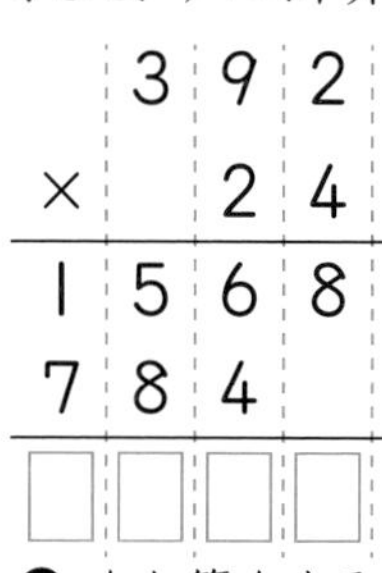

❶ 392×4＝1568　❷ 392×2＝784　❸ たし算をする。

答え

②

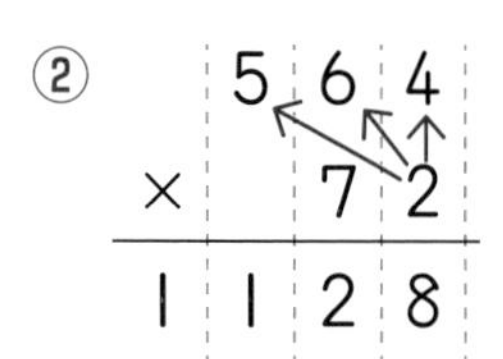

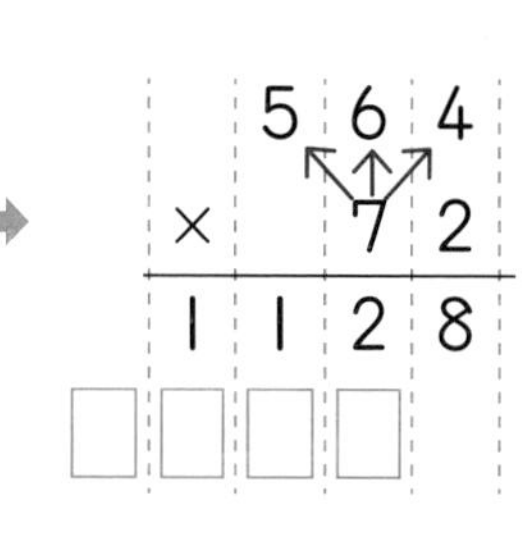

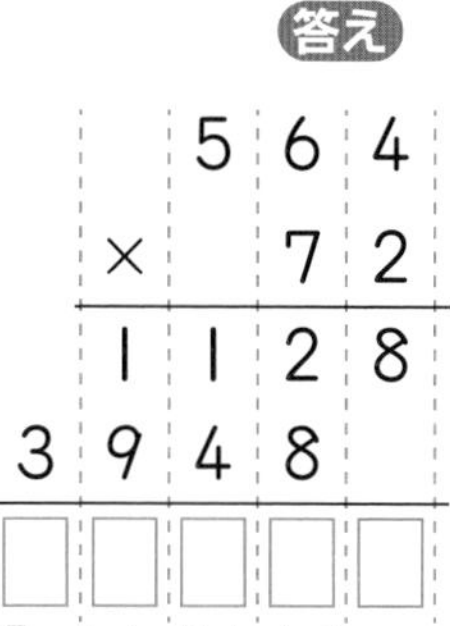

❶ 564×2＝1128　❷ 564×7＝3948　❸ たし算をする。

答え

## 1 計算をしましょう。

❶ 123×32　❷ 219×35　❸ 312×24

❹ 129×74　❺ 167×58　❻ 272×34

## 2 計算をしましょう。

❶ 469×27　❷ 543×32　❸ 438×52

❹ 572×34　❺ 493×52　❻ 627×35

円のなかまにはきれいな丸い形ではなくて，横(よこ)やたてに長いものがあるよ。楕円(だえん)というんだ。輪(わ)ゴムを左右にひきのばした形だね。

## れい題2　(3けたの数)×(2けたの数)の計算②

計算をしましょう。

① 704×23　　② 408×60

**とき方**　かけられる数に0があるときは，とちゅうの計算に気をつけましょう。

①

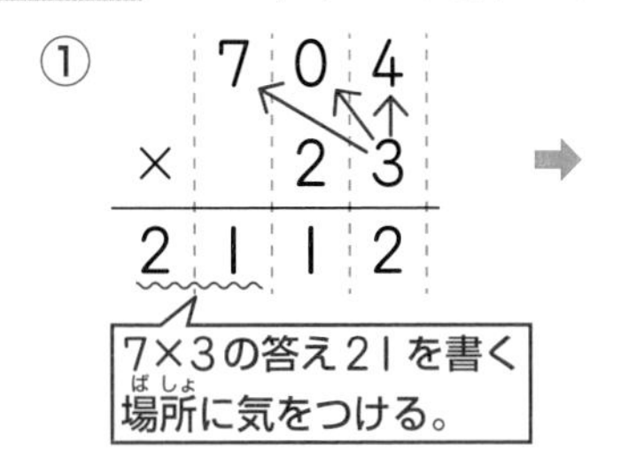

❶ 704×3＝2112

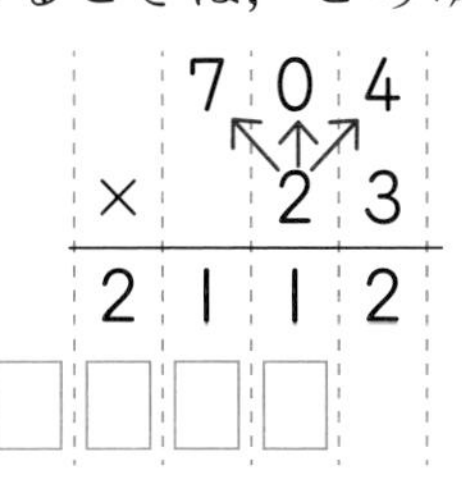


❷ 704×2＝1408

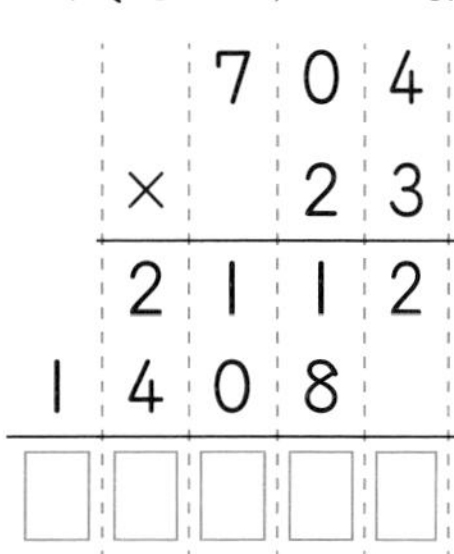


❸ たし算をする。

②

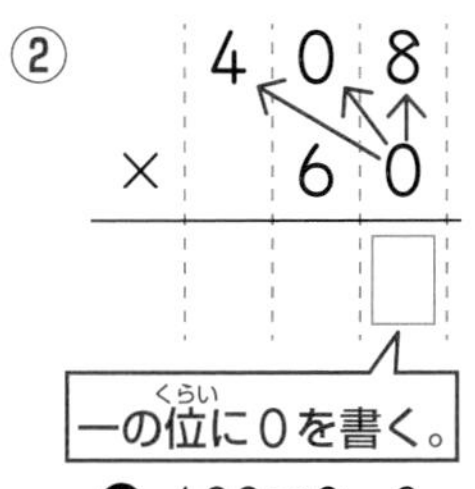


❶ 408×0＝0

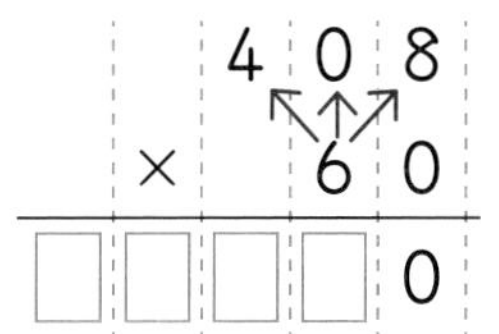


❷ 408×6の答え2448を，0の左から書く。

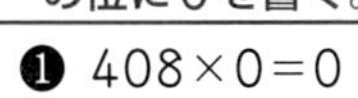

## 3 計算をしましょう。

❶ 201×48　　❷ 308×23　　❸ 602×37

❹ 807×36　　❺ 290×83　　❻ 700×56

## 4 計算をしましょう。

❶ 209×40　　❷ 806×50

❸ 905×30　　❹ 732×40

答え▶36ページ

# 24 (3けたの数)×(2けたの数)のかけ算

深めよう ハイレベル

(3けた)×(2けた)のかけ算の練習(れんしゅう)をして，いろいろな問題(もんだい)をといてみよう。

**1** 計算をしましょう。

❶ 432×23　　❷ 249×32

❸ 292×34　　❹ 287×43

❺ 391×72　　❻ 427×32

❼ 643×32　　❽ 724×42

❾ 883×34　　❿ 987×56

**2** 計算をしましょう。

❶ 560×97　　❷ 607×89

❸ 706×50　　❹ 839×60

**3** 1パック240まいのおり紙を，68パック買いました。おり紙は，全部(ぜんぶ)で何まいになりますか。

式(しき)

答え（　　　　）

**4** りくさんは，毎週，165円のカードセットを1セット買っています。1年では，何円使(つか)うことになりますか。1年を52週としてもとめましょう。

式

答え（　　　　）

**5** 320円切手を17まいと，84円切手を40まい買いました。代金は，全部でいくらですか。

**式**

**答え**（　　　　）

**6** 538円で仕入れたハンカチを，680円で82まい売りました。もうけは全部でいくらですか。

**式**

**答え**（　　　　）

## できたらスゴイ！

**7** 計算をしましょう。

❶ $537 \times 246$

❷ $414 \times 649$

❸ $608 \times 195$

**8** 次の□にあてはまる数を答えましょう。

❶

| | | | | |
|---|---|---|---|---|
| | | ア | 9 | イ |
| | × | | ウ | 3 |
| | 1 | エ | オ | 8 |
| カ | キ | ク | 2 | |
| 2 | ケ | コ | 0 | 8 |

❷

| | | | | |
|---|---|---|---|---|
| | | 6 | サ | 4 |
| | × | | 6 | シ |
| | ス | セ | 2 | 2 |
| 4 | ソ | タ | チ | |
| 4 | ツ | テ | ト | 2 |

**9** かいとさんは，バラを21本，ユリを15本買いにいきました。花屋では，1本145円のバラが6本セットで790円，1本165円のユリが4本セットで580円で売っていました。バラを21本とユリを15本買うときの，いちばん高い代金といちばん安い代金のちがいはいくらですか。

**式**

**答え**（　　　　）

**ヒント**

**9** 21本は6本セット何セットと何本になるかな。ユリも同じように考えよう。

答え▶38ページ

# 25 □を使った式

□を使って式をつくり，□にあてはまる数をもとめよう！

たしかめよう　標準レベル

## れい題1　□を使ったたし算

公園に16人います。さらに何人か来たので，全部で23人になりました。

① わからない数を□として，たし算の式に表しましょう。

② □にあてはまる数をもとめましょう。

**とき方**　来た人数を□人とします。

① はじめにいた人数 ＋ 来た人数 ＝ 全部の人数

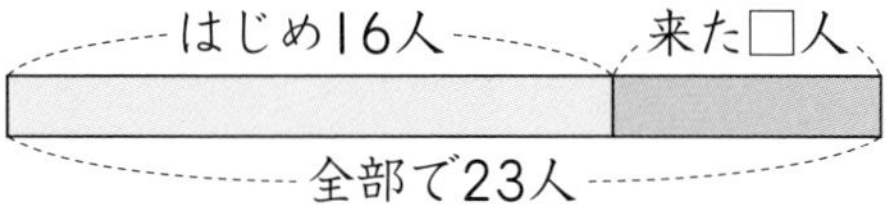

はじめ16人　来た□人

全部で23人

式　[　　] ＋□＝ [　　]

② 上の図から，□＝ [　　] － [　　] ＝ [　　]

答え [　　]

**1** えん筆が何本かあります。さらに12本買ったので，全部で40本になりました。

❶ はじめにあった本数を□本として，たし算の式に表しましょう。

式（　　　　　）

❷ □にあてはまる数をもとめましょう。

（　　　　）

## れい題2　□を使ったひき算

お金を何円か持っています。60円使ったので，のこりは90円になりました。

① わからない数を□として，ひき算の式に表しましょう。

② □にあてはまる数をもとめましょう。

**とき方**　持っていたお金を□円とします。

① 持っていたお金 － 使ったお金 ＝ のこりのお金

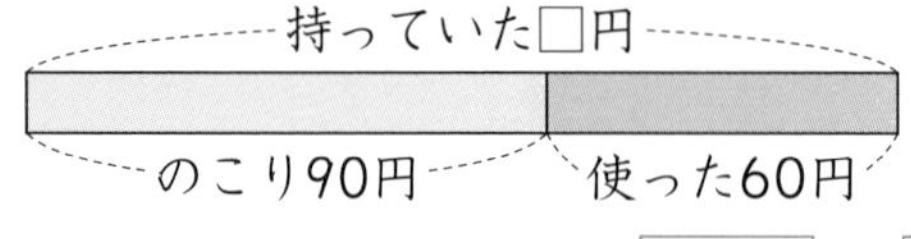


式　□－ [　　] ＝ [　　]

② 上の図から，□＝90＋ [　　] ＝ [　　]

答え [　　]

**2** いちごが32こあります。何こか食べたので，のこりが18こになりました。

❶ 食べた数を□ことして，ひき算の式に表しましょう。　式（　　　　　）

❷ □にあてはまる数をもとめましょう。

（　　　　）

学習した日　　月　　日

ボウリングをするときにピンをたおすけれど，ならべたピンを上から見ると，正三角形に見えるよ。１列目に１こ，２列目に２こ，３列目に３こ，４列目に４こ，正三角形に見えるようにならんでいるんだ。

## れい題３　□を使ったかけ算・わり算

同じ数ずつ，９人でいすを運んだら，全部で27きゃく運ぶことができました。

① わからない数を□として，かけ算の式に表しましょう。

② □にあてはまる数をもとめましょう。

**とき方**　１人が運んだ数を□きゃくとします。

① [１人が運んだ数]×[人数]＝[全部の数]



式　□×[　　]＝[　　]

② 上の図から，□＝[　　]÷[　　]＝[　　]

答え [　　]

**3** １本に２Ｌの水が入っているペットボトルを何本か買ったら，水は全部で12Ｌになりました。

❶ ペットボトルの数を□本として，かけ算の式に表しましょう。

式（　　　　　）

❷ □にあてはまる数をもとめましょう。

（　　　）

**4** 56まいのクッキーを，同じ数ずつ箱に入れたら，８箱できました。

❶ １箱に入れた数を□まいとして，わり算の式に表しましょう。

式（　　　　　）

❷ □にあてはまる数をもとめましょう。

（　　　）

**5** 84人の子どもを，同じ人数ずついくつかのグループに分けたら，１グループの人数は４人になりました。

❶ グループの数を□グループとして，わり算の式に表しましょう。

式（　　　　　）

❷ □にあてはまる数をもとめましょう。

（　　　）

答え▶38ページ

# 25 □を使った式

深めよう ハイレベル

わからない数を□として，お話のとおりに場面を式に表そう！

**1** 次の□にあてはまる数をもとめましょう。

❶ 28＋□＝47
❷ □＋35＝71

❸ 52－□＝19
❹ □－14＝60

❺ 9×□＝72
❻ □×3＝63

❼ 55÷□＝5
❽ □÷6＝12

**2** 次の❶，❷の場面を，ある数を□として式に表しましょう。また，□にあてはまる数をもとめましょう。

❶ 15よりある数だけ大きい数は82です。

式（　　　　　）　□＝（　　　）

❷ ある数より43だけ小さい数は59です。

式（　　　　　）　□＝（　　　）

**3** 次の❶～❹の場面を，わからない数を□として，〈　〉の中の計算の式に表しましょう。また，□にあてはまる数をもとめましょう。

❶ 水が何Lか入っている水そうに，水を6L入れると，全部で45Lになりました。〈たし算〉

式（　　　　　）　□＝（　　　）

❷ 何円かのグミを買って500円玉を1まい出したら，おつりが372円でした。〈ひき算〉

式（　　　　　）　□＝（　　　）

❸ 何台かの車に4人ずつ乗ったら，全部で24人乗ることができました。〈かけ算〉

式（　　　　　）　□＝（　　　）

❹ 何さつかのノートを9人に同じ数ずつ分けたら，1人分がちょうど3さつになりました。〈わり算〉

式（　　　　　）　□＝（　　　）

**4** はるとさんが物語（ものがたり）の本を読んでいます。きのうまでに104ページ読み，のこりは58ページになりました。この場面を次のような式に表しました。

□㋐[イ]＝58

㋐に＋，－，×，÷のどれか，[イ]に数をあてはめて，式をかんせいさせましょう。また，□にあてはまる数をもとめましょう。

㋐（　　　）　[イ]（　　　）　□＝（　　　）

**5** ある数に89をたすところを，まちがえて89からひいてしまったので，答えが52になりました。

❶ ある数を□として式に表しましょう。また，□にあてはまる数をもとめましょう。

**式**（　　　　　）　□＝（　　　）

❷ 正しい計算の答えをもとめましょう。

（　　　）

**できたらスゴイ！**

**6** リボンが3mありました。このリボンを何cmか切り取（と）ったのこりを7本に切り分けたら，1本の長さが42cmになりました。この場面を次のような式に表しました。

[ア]－□＝[イ]㋒7

[ア]と[イ]に数，㋒に＋，－，×，÷のどれかをあてはめて，式をかんせいさせましょう。また，□にあてはまる数をもとめましょう。

[ア]（　　　）　[イ]（　　　）　㋒（　　　）　□＝（　　　）

**7** チョコレートが何こかあります。このチョコレートを6つのかんに同じ数ずつ分けようとしたら1こたりませんでした。そこで，かんを1つへらして同じ数ずつ分けると，13こずつ入れることができました。この場面を次のような式に表しました。

□㋐6＝13㋑[ウ]㋓[オ]

㋐と㋑と㋓に＋，－，×，÷のどれか，[ウ]と[オ]に数をあてはめて，式をかんせいさせましょう。また，□にあてはまる数をもとめましょう。

㋐（　　）　㋑（　　）　[ウ]（　　）　㋓（　　）　[オ]（　　）

□＝（　　　）

**ヒント**

**7** □㋐6と13㋑[ウ]㋓[オ]は，どちらも，6つのかんに入れるのにひつようなチョコレートの数を表しているよ。

## 3 □にあてはまる数を書きましょう。

(1) 3時35分から4時間50分後の時こくは，□時□分です。

(2) 8時10分から2時間40分前の時こくは，□時□分です。

(3) 1時間28分と2時間45分をあわせた時間は，□時間□分です。

(4) 午前9時25分から午前11時5分までの時間は，□時間□分です。

## 4 右の表は，3年生がいちばんすきな食べものを調べてまとめたものです。

すきな食べもの調べ(3年生)（人）

| | 1組 | 2組 | 3組 | 合計 |
|---|---|---|---|---|
| カレー | 10 | 9 | (ア) | 25 |
| ラーメン | 5 | 5 | 7 | (イ) |
| すし | 3 | (ウ) | 5 | 12 |
| その他 | (エ) | 9 | 11 | 30 |
| 合計 | 28 | 27 | (オ) | 84 |

(1) 表をかんせいさせましょう。

(2) 表の(イ)の数は，何を表していますか。

(3) グラフをかんせいさせましょう。

すきな食べもの調べ

(人)
10
0
1組 2組 3組
カレー
1組 2組 3組
ラーメン
1組 2組 3組
すし
1組 2組 3組
その他

(4) 1組，2組，3組の中で，いちばん少ない人数といちばん多い人数のちがいがもっとも大きい食べものを答えましょう。

(5) 食べものの，組ごとの人数の多い少ないがわかりやすいのは，表とグラフのどちらですか。

## 5 次の問題に答えましょう。

(1) みかんが24こ，りんごが4こ，なしが8こあります。次の問題に答えましょう。

① みかんは，りんごの何倍ありますか。

② なしは，りんごの何倍ありますか。

③ みかんは，なしの何倍ありますか。

(2) 女の子が36人，男の子が何人かいます。みかんが94こあったので，1人に1こずつくばったら，17こあまりました。男の子は何人いますか。□を使った式を書いてもとめましょう。

(3) 2565504，2565054，2566000を大きい順にならべましょう。

(4) 12322123221232212…のように数字がならんでいます。

① はじめから32番目の数字はいくつですか。

② はじめから47番目までに，2は何こありますか。

(5) 1L入りのジュースをみかさんとゆみさんの2人で飲みました。みかさんは$\frac{2}{7}$L飲んだそうです。今，ジュースは$\frac{1}{7}$Lのこっています。みかさんとゆみさんでは，どちらがどれだけ多く飲みましたか。

# しあげのテスト(1)

※答えは，解答用紙の解答欄に書き入れましょう。

答え▶39ページ

満点 100点

**1** 次の問題に答えましょう。

(1) 次の計算をしましょう。

① 48÷4　② 52÷6

③ 56×7　④ 136×4

⑤ 72×29　⑥ 459×52

(2) 次の計算をしましょう。

① 451＋562　② 8031－4132

③ 9.5＋2.3　④ 6－3.4

⑤ $\frac{7}{9}+\frac{2}{9}$　⑥ $\frac{19}{13}-\frac{8}{13}$

(3) □にあてはまる数を書きましょう。

① 8×□＝(3×7)＋(5×7)

② 12×3＝(8×3)＋(□×3)

**2** 次の問題に答えましょう。

(1) 図1のように，半径5cmの円ばんから，半径3cmの円ばんを切り取った輪があります。この輪を図2のようにつなげ，まっすぐにたらします。全体の長さをもとめましょう。

図1

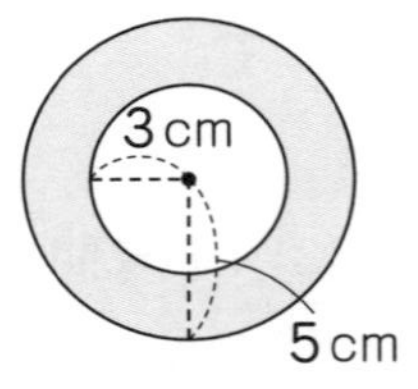


図2

全体の長さ

(2) 次のア～ウのうち，二等辺三角形ができるものは，どれですか。記号で答えましょう。

ア　辺の長さが4cm，3cm，3cm
イ　辺の長さが6cm，3cm，3cm
ウ　辺の長さが5cm，2cm，2cm

(3) 右の図のように，正三角形をすきまなくならべます。図の中にいろいろな大きさの正三角形があります。正三角形は全部で何こありますか。

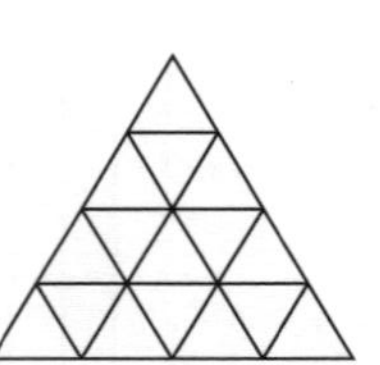

(4) はりのさしている重さを書きましょう。

①

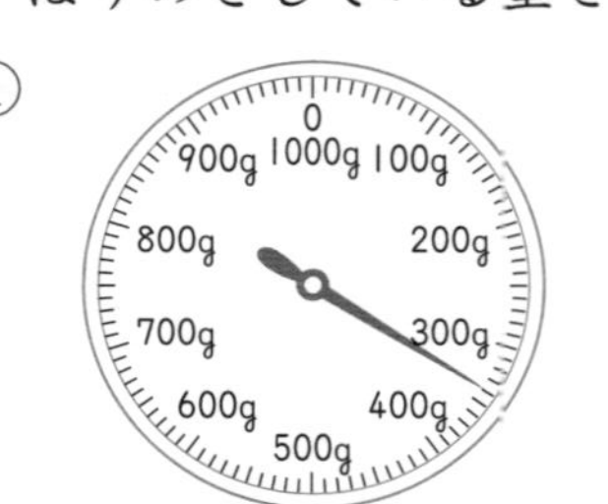


②

《問題はうらに続きます。》

《出題範囲》1…1章，2章，4章，7章，9章，13章，15章，17章　2…8章，14章，16章　3…3章
4…11章　5…5章，7章，12章，15章，18章

# しあげのテスト(1) 解答用紙

学習した日　　月　　日

名前

※解答用紙の右にある採点欄の□は，丸つけのときに使いましょう。

## 1

| | | | |
|---|---|---|---|
| (1) | ① | ② | ③ |
| | ④ | ⑤ | ⑥ |
| (2) | ① | ② | ③ |
| | ④ | ⑤ | ⑥ |
| (3) | ① | ② | |

## 2

| | | |
|---|---|---|
| (1) | (2) | (3) |
| (4) ① | ② | |

## 3

| | | | |
|---|---|---|---|
| (1) | (2) | (3) | (4) |

## 4

(1) (ア)　(イ)　(ウ)　(エ)　(オ)　(2)

(3)

すきな食べもの調べ

(人) 10 0

1組 2組 3組 カレー　1組 2組 3組 ラーメン　1組 2組 3組 すし　1組 2組 3組 その他

(4)　(5)

## 5

(1) ①　②　③

(2) 式　答え

(3)

(4) ①　②

(5) (　　　)さんが(　　　)だけ多く飲んだ。

採点欄

1　／28　1つ2点

2　／15　1つ3点

3　／8　1つ2点

4　／17　(1)〜(3)1つ3点　(4)，(5)1つ4点

5　／32　1つ4点

得点　／100

**3** 次の計算をしましょう。

(1) 50分＋1時間30分　　(2) 5時間15分－35分

(3) 35秒＋40秒　　(4) 3分－45秒

**4** 次の□にあてはまる数を書きましょう。

(1) □は，1000万を4こ，100万を7こ，1万を3こあわせた数です。

(2) 10万を612こ集めた数は，□です。

(3) 100万を13こと，2000を4こあわせた数は，□です。

(4) 1億は，100万を□こ集めた数です。

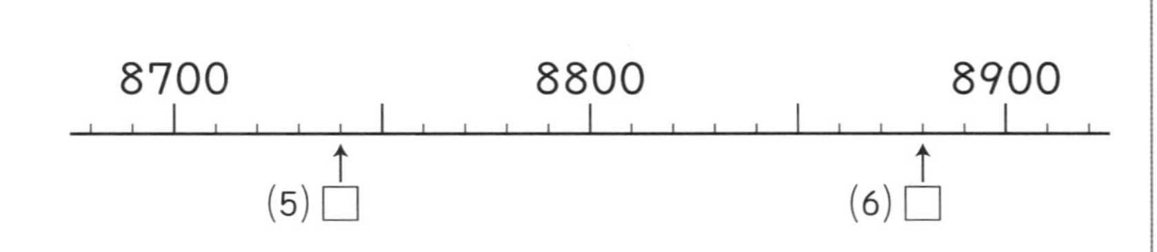


**5** 下の地図は，りくさんの家の近くの地図です。この地図を見て，次の問題に答えましょう。

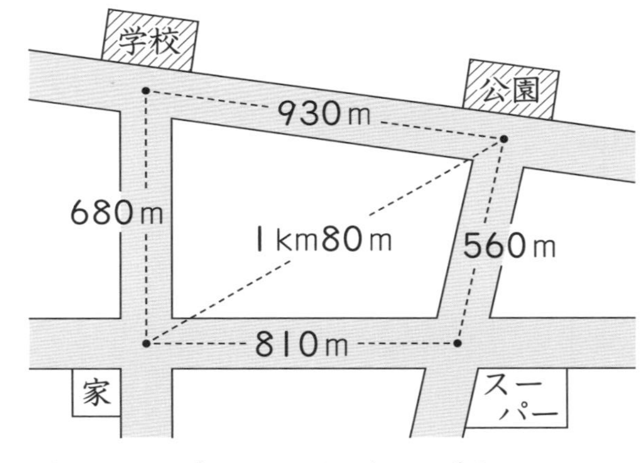


(1) 家から公園までのきょりは何mですか。

(2) 家から公園まで行くのに，学校の前を通って行く道のりと，スーパーの前を通って行く道のりとのちがいは何mですか。

**6** 次の問題に答えましょう。

(1) むぎ茶とジュースとサイダーがあります。次の問題に答えましょう。

① むぎ茶はジュースの4倍で，3L6dLです。ジュースは何dLですか。

② ①のとき，ジュースはサイダーの3倍になります。サイダーは何dLですか。

(2) かず子さんとお父さんの年令の和は45才で，お父さんの年令はかず子さんの年令の4倍です。かず子さんは何才ですか。□をつかった式を書いて，もとめましょう。

(3) たて，横，ななめのどの3つの数をたしても同じ数になるようにします。□にあてはまる数を書きなさい。

| | | |
|---|---|---|
| ア | 148 | 147 |
| イ | 145 | ウ |
| 143 | エ | オ |

(4) 1枚37円のせんべい8まいと，1ふくろ189円のあめを3ふくろ買って，1000円さつを1まい出しました。おつりはいくらですか。

(5) 1ふくろ7こ入りのみかんが50ふくろあります。これを1ふくろ6こ入りに入れかえて60ふくろ作るには，みかんは何こたりませんか。

(6) 84cmのひもから7cmのひもを3本切り取ります。のこったひもの長さは7cmのひもの長さの何倍ですか。

# しあげのテスト(2)

※答えは，解答用紙の解答欄に書き入れましょう。

時間 45分

答え▶40ページ

**1** 次の問題に答えましょう。

(1) 次の計算をしましょう。

① 69÷3　　② 59÷7

③ 68×9　　④ 873×7

⑤ 36×73　　⑥ 509×325

(2) 次の計算をしましょう。

① 703−269　　② 5857+1215

③ 2.8+4.2　　④ 4.7−2.9

⑤ $\frac{8}{17}+\frac{4}{17}$　　⑥ $1-\frac{7}{16}$

(3) くふうして計算しましょう。

① 51+23+49　　② (7×83)−(33×7)

**2** 次の問題に答えましょう。

(1) 右の図のように，同じ大きさのボールが6こぴったり入っている箱があります。㋑の長さは18cmです。

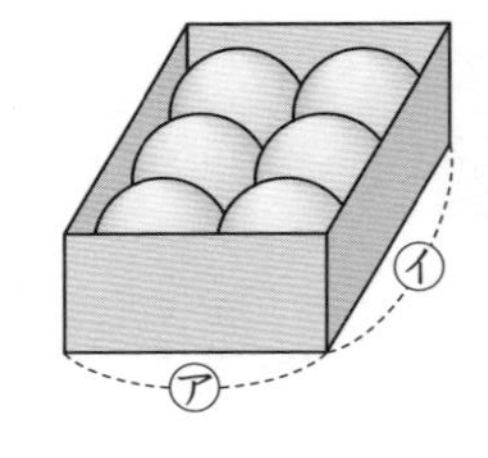


① ボールの直径は何cmですか。

② ㋐の長さは何cmですか。

(2) 右の図で，アの点は直径が8cmの円の中心で，角㋕は角㋔と大きさが等しく，角㋐とは等しくありません。

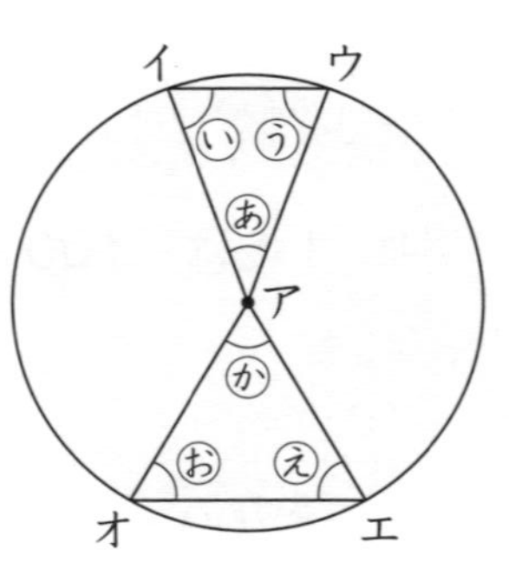


① 直線オエの長さは何cmですか。

② 角㋓と等しい角をすべてえらびましょう。

(3) 次のぼうグラフを見て答えましょう。

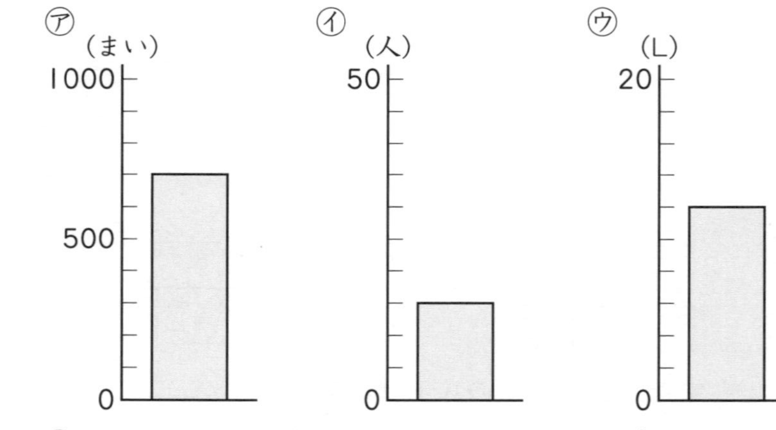


① それぞれ1目もりの大きさはどれだけですか。

② それぞれぼうの長さが表している大きさはどれだけですか。

《問題はうらに続きます。》

《出題範囲》1…2章，4章，7章，9章，10章，13章，15章，17章　2…8章，11章，16章　3…3章
4…5章　5…6章　6…4章，9章，12章，18章

# しあげのテスト(2) 解答用紙

※解答用紙の右にある採点欄の□は，丸つけのときに使いましょう。

学習した日　　月　　日

名前

**1**

| | | | |
|---|---|---|---|
| (1) | ① | ② | ③ |
| | ④ | ⑤ | ⑥ |
| (2) | ① | ② | ③ |
| | ④ | ⑤ | ⑥ |
| (3) | ① | ② | |

**2**

| | | | | |
|---|---|---|---|---|
| (1) | ① | ② | (2) ① | ② |
| (3) | ① ㋐ | ㋑ | ㋒ | |
| | ② ㋐ | ㋑ | ㋒ | |

**3**

| | | |
|---|---|---|
| (1) | (2) | (3) |
| (4) | | |

**4**

| | | |
|---|---|---|
| (1) | (2) | (3) |
| (4) | (5) | (6) |

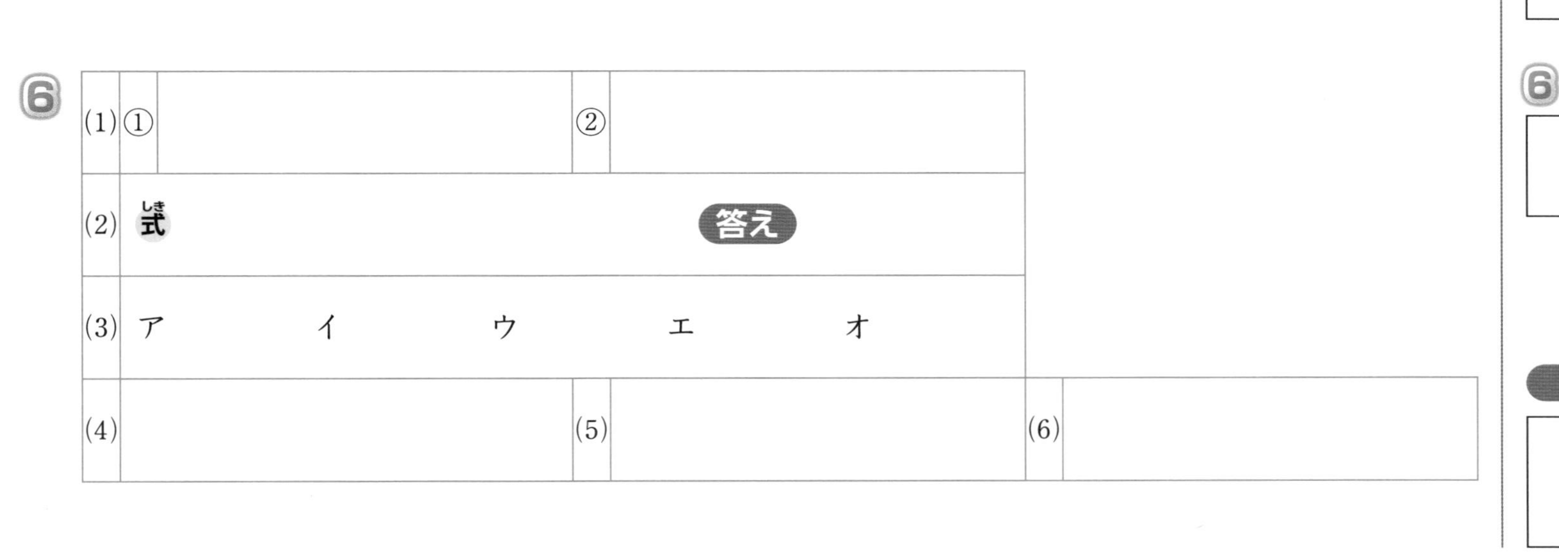

**5**

| | |
|---|---|
| (1) | (2) |

**6**

| | | |
|---|---|---|
| (1) ① | ② | |
| (2) 式 | 答え | |
| (3) ア　イ　ウ　エ　オ | | |
| (4) | (5) | (6) |

## 採点欄

1　／28　1つ2点

2　／18　(1)，(2)1つ3点　(3)1つ1点

3　／8　1つ2点

4　／12　1つ2点

5　／6　1つ3点

6　／28　1つ4点

得点　／100

トクとトクイになる！

# 小学ハイレベルワーク

## 算数 3年

## 答えと考え方

「答えと考え方」は，
とりはずすことが
できます。

「WEBでもっと解説」
はこちらです。

## 1章 かけ算のきまり

### 標準(ひょうじゅん)レベル＋　4～5ページ

れい題(だい)1　①2，2　②3，3　③同じ，6　④かける，4

1 ❶4　❷6　❸9　❹5　❺2　❻3

2 ❶3　❷2　❸1　❹3

れい題2　①5，0，0，0　②2，20，20　③12，36，6，36，12，36，36

3 ❶0　❷0　❸0　❹0　❺50　❻70　❼30　❽80　❾26　❿42

**考え方**

1 ❶～❹ かける数が1ふえると，答えはかけられる数だけ大きくなり，かける数が1へると，答えはかけられる数だけ小さくなります。

❺❻ かけられる数とかける数を入れかえても，答えは同じになります。

2 かけられる数やかける数を分けて計算しても，答えは同じになります。

❶ 7を4と3に分けて計算しています。
(4×2)＋(3×2)は，かっこの中を先に計算するから，4×2と3×2の答えをたして，
8＋6＝14　7×2の答えと同じになります。

❷ 8を2と6に分けて計算しています。

❸ 6を5と1に分けて計算しています。
(4×5)＋(4×1)＝20＋4＝24
4×6の答えと同じになります。

❹ 5を3と2に分けて計算しています。

3 ❶～❹ 0にどんな数をかけても，どんな数に0をかけても，答えは0になります。

❺ 5×10＝5×9＋5＝50
べっかい　5×10＝10×5
＝10＋10＋10＋10＋10＝50

❻ 7×10＝7×9＋7＝70
さんこう　ある数に10をかけると，その数の右に0を1こつけた数になります。

❼ 10×3＝3×10＝3×9＋3＝30
べっかい　10×3＝10＋10＋10＝30

❽ 10×8＝8×10＝8×9＋8＝80

❾ 13×2＝2×13＝2×10＋2＋2＋2＝26
べっかい　・13×2＝(10×2)＋(3×2)
＝20＋6＝26
・13×2＝13＋13＝26

❿ 14×3＝3×14＝3×10＋3＋3＋3＋3＝42

### ハイレベル＋＋　6～7ページ

1 ❶8　❷10　❸9，9　❹7，2　❺5　❻9　❼10　❽3

2 ❶8　❷4　❸3　❹5

3 ❶0　❷0　❸0　❹10　❺90　❻100　❼60　❽85

4 ❶4　❷5　❸6　❹7　❺3　❻9

5 式(しき) 0×7＝0　10×0＝0　13×4＝52
0＋0＋52＝52　答え 52点

6 ❶7　❷5　❸10　❹9　❺4　❻8

7 ❶㋒　❷㋐　❸㋑

8 6こ

**考え方**

1 ❶ 6×7より6大きい数だから，□には，6×7のかける数7より1大きい8が入ります。

❷ □は7×9のかける数9より1大きい10です。

❸ かける数が1大きくなると，答えが9大きくなっているから，□は9です。

❹ 2×□の□は□×8のかける数8より1小さいから7，□×8の□はかけられる数の2です。

❺～❽ 数が大きくなっても，かけられる数とかける数を入れかえた答えは同じです。

2 ❶ 9×8の9を2と7に分けて計算しています。

❷ 10を6と4に分けて計算しています。

❸ 13を10と3に分けて計算しています。

❹ 14を5と9に分けて計算しています。

3 ❶❷ 0にかけ合わせる数が大きくなっても，答えは0になります。

❺ 10×9＝9×10＝9×9＋9＝90

❻ ❺の答えを使(つか)うと，
10×10＝10×9＋10＝90＋10＝100

❼ 15を10と5に分けると,
(10×4)+(5×4)=40+20=60と計算できます。

❽ 17×5=(10×5)+(7×5)=50+35=85

べっかい 17×5=(9×5)+(8×5)
=45+40=85

❹ □にあてはまる数は，九九の表を使ったり，じゅんに数をあてはめたりして見つけます。

❶ 3×□=12の□にあてはまる数は，3のだんの九九を使って見つけます。
……，3×[3]=9，3×[4]=12

❷ 7のだんの九九を使います。

❸ 9のだんの九九を使います。

❹ □×4=4×□だから，□にあてはまる数は4のだんの九九を使って見つけます。
4×[1]=4，4×[2]=8，……，4×[7]=28

❺ 8のだんの九九を使います。

❻ 5のだんの九九を使います。

❺ 0点のところ…0×7=0(点)
10点のところ…10×0=0(点)
13点のところ…13×4=52(点)
合計のとく点は，0+0+52=52(点)です。

さんこう 13×4は，13を，10と3や，5と8などの九九が使える数に分けて計算します。

❻ ❶ 8×7の7を4と3に分けて計算しています。

❷ 5×16の16を7と9に分けて計算しています。

❸ 12×9の12を2と10に分けて計算しています。

❹ 4×17の17を9と8に分けて計算しています。

❺ 11×6=(7×6)+(4×6)から考えます。

❻ 3×15=(3×8)+(3×7)から考えます。

❼ ❶ 12を5回たしています。

❷ 12を7と5に分けて計算しています。

❸ 12を2と10に分けて計算しています。

❽ 7つの箱に入ったボールの数は45−3=42(こ)だから，1つの箱に入れたボールの数を□こととして式に書くと，□×7=42
7×[6]=42から，□は6
つまり，1つの箱に入れたボールの数は6こです。

# 2章 わり算

## 標準レベル+ 8〜9ページ

れい題1 ①4，4，8，12，3，3，3
②5，5，10，2，2，2

1 式 18÷3=6 答え 6本

2 式 24÷6=4 答え 4本

れい題2 ①6，6，同じ，6
②0，0，0，0

3 ❶8 ❷2 ❸5
❹0 ❺0 ❻0

れい題3 2，2，20，3，23，23

4 ❶30 ❷20 ❸10
❹11 ❺32 ❻43

### 考え方

1 [1人分の数]=[全部の数]÷[人数]だから，式は，18÷3です。答えは，□×3=18の□にあてはまる数で，3のだんの九九を使ってもとめます。
3×6=18から，答えは6本。

2 [本数]=[全体の長さ]÷[1本の長さ]だから，式は，24÷6です。答えは，6×□=24の□にあてはまる数で，6のだんの九九を使ってもとめます。
6×4=24から，答えは4本。

3 ❶〜❸ わる数が1のとき，答えはわられる数と同じになります。
❹〜❻ 0を，0でないどんな数でわっても，答えはいつも0になります。

4 ❶〜❸ 何十をわる計算は，10をもとにして考えます。
❶ 60は10が6こ。10が6÷2=3で，3こだから，60÷2=30
❷ 80は10が8こ。10が8÷4=2で，2こ。
❸ 30は10が3こ。10が3÷3=1で，1こ。
❹ 77は70と7
70÷7は，10が7÷7=1(こ)だから，10
7÷7=1 10と1をあわせて11
❺ 96は90と6
90÷3は，10が9÷3=3(こ)だから，30
6÷3=2 30と2をあわせて32
❻ 86は80と6

80÷2は，10が8÷2=4(こ)だから，40
6÷2=3　40と3をあわせて43

## ハイレベル++　10〜11ページ

❶ ❶7　❷1　❸0　❹8　❺9
❻4　❼1　❽5　❾6　❿0

❷ ❶13　❷42　❸30
❹14　❺10　❻21

❸ 式 32÷8=4　答え 4つ
❹ 式 21÷7=3　答え 3倍
❺ 式 45÷5=9　答え 9cm
❻ 式 24÷3=8　8−5=3　答え 3まい
❼ 式 23+19=42　42÷6=7　答え 7こ
❽ ❶式 48÷8=6　6×2=12　答え 12本
❷式 48−12=36　36÷9=4　答え 4つ

### 考え方

❶ ❷❼ わられる数とわる数が同じとき，答えは1になります。

さんこう　どんな数も0でわることはできません。

❷ ❶ 39は30と9
30÷3は，10が3÷3=1(こ)だから，10
9÷3=3　10と3をあわせて13
❷ 84は80と4
80÷2は，10が8÷2=4(こ)だから，40
4÷2=2　40と2をあわせて42
❹ 28は20と8
20÷2は，10が2÷2=1(こ)だから，10
8÷2=4　10と4をあわせて14
❻ 63は60と3
60÷3は，10が6÷3=2(こ)だから，20
3÷3=1　20と1をあわせて21

❸ かざりの数 = 全体の長さ ÷ 1つ分の長さ だから，式は，32÷8
答えはわる数のだんの九九を使ってもとめます。

❹ 何倍かをもとめるときも，わり算を使います。

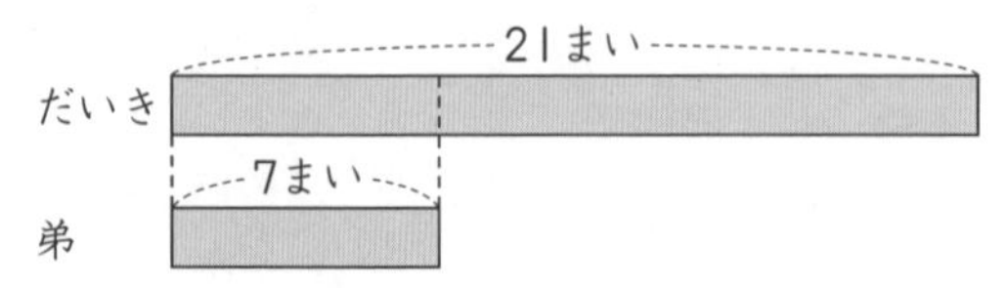


7の何倍が21になるかは，21÷7でもとめます。

❺ 図を使って考えましょう。

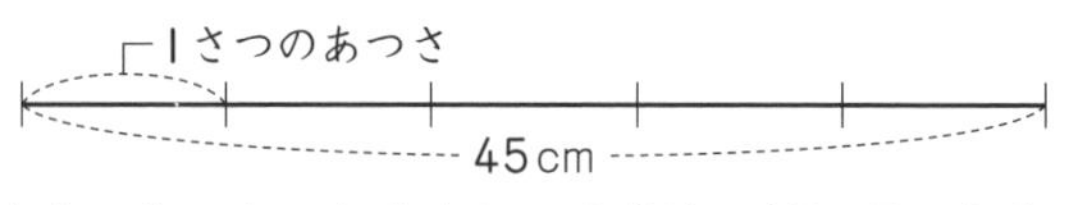


1さつ分のあつさをもとめる式は，45÷5になります。

❻ まいさんが買った画用紙の数は，
24÷3=8(まい)で，そのうち5まい使ったから，のこりは，8−5=3(まい)です。

❼ 全部のあきかんの数は，23+19=42(こ)
これを6人で同じ数ずつ拾ったのだから，もとめる式は42÷6です。

❽ ❶ 1たばのゆりの数は，48÷8=6(本)
売れたのは，その2つ分だから，6×2=12(本)になります。
❷ のこったゆりの数は，48−12=36(本)
1つの花たばは9本だから，花たばの数は36÷9でもとめます。

# 3章 時こくと時間

## 標準レベル+　12〜13ページ

れい題1 ①40，10，10，10，10
②15，5，20，4，40

1 ❶7，15　❷10，5
❸1，56　❹2，35

2 午前11時15分

れい題2 ①65，1，5，1，5
②75，2，25，2，25

3 ❶4，10　❷2，40

れい題3 ①60，35，1，35
②60，80，80

4 ❶2，50　❷105

### 考え方

1 ❶❷ 後の時こくは，まず，ちょうどの時こくまで時計のはりを進めて考えます。
❸❹ 前の時こくは，まず，ちょうどの時こくまで時計のはりをもどして考えます。

2 午前10時30分から45分後の時こくをもとめます。

3 ❶ 1時間30分＋2時間40分
＝3時間70分＝4時間10分
❷ 6時25分－3時45分
＝5時85分－3時45分＝2時間40分
4 ❶ 1分＝60秒(びょう)，2分＝120秒です。
170－120＝50だから，170秒＝2分50秒
❷ 60＋45＝105だから，1分45秒＝105秒

## ハイレベル++ 14～15ページ

❶ ❶4，20 ❷7，15
❷ ❶4，30 ❷3，45
❸ ❶3，10 ❷150
❹ ❶3時間10分 ❷4時間5分
❸3時間30分 ❹2時間10分
❺ ❶1分10秒(70秒) ❷5分15秒
❸45秒 ❹3分40秒
❻ 5時25分
❼ 午後1時45分
❽ 8時間36分
❾ ❶午後1時50分 ❷午後4時15分
❿ 午前7時5分

### 考え方

❶ ❶ 1時45分＋2時間35分
＝3時80分＝4時20分
❷ 9時5分－1時間50分
＝8時65分－1時間50分＝7時15分
❷ ❶ 2時間52分＋1時間38分
＝3時間90分＝4時間30分
❷ 11時10分－7時25分
＝10時70分－7時25分＝3時間45分
❸ ❶ 1分＝60秒，2分＝120秒，3分＝180秒です。190－180＝10だから，3分10秒です。
❷ 120＋30＝150だから，150秒です。
❹ ❶ 30分＋2時間40分
＝2時間70分＝3時間10分
❷ 2時間15分＋1時間50分
＝3時間65分＝4時間5分
❸ 4時間25分－55分
＝3時間85分－55分＝3時間30分
❹ 3時間－50分
＝2時間60分－50分＝2時間10分
❺ ❶ 25秒＋45秒＝70秒＝1分10秒
❷ 3分55秒＋1分20秒
＝4分75秒＝5分15秒
❸ 1分35秒－50秒＝95秒－50秒＝45秒
❹ 4分－20秒＝3分60秒－20秒＝3分40秒
❻ 3時50分＋1時間35分
＝4時85分＝5時25分
❼ 20分＋5分＝25分
2時10分－25分＝1時70分－25分＝1時45分
❽ 午前と午後を使(つか)わずに24時せいで表(あらわ)すと，それぞれ8時37分と17時13分になります。
17時13分－8時37分
＝16時73分－8時37分＝8時間36分
❾ 3時の5分前は，2時55分です。
❶ 25分＋40分＝65分＝1時間5分
2時55分－1時間5分＝1時50分
❷ 45分＋10分＋25分＝80分＝1時間20分
2時55分＋1時間20分
＝3時75分＝4時15分
❿ 9時の1時間35分前の時こくは，
9時－1時間35分
＝8時60分－1時間35分＝7時25分
7時25分までのバスなら9時に間に合うから，おそくとも7時10分のバスに乗(の)ればよいです。
家からバスのていりゅう所(じょ)までは5分かかるので，
7時10分－5分＝7時5分

# 4章 たし算とひき算

## 標準レベル+ 16～17ページ

れい題1 ①6，3，637
②1，5，3，1531
1 ❶585 ❷810 ❸703
❹1159 ❺1224 ❻1304
2 ❶832 ❷911 ❸724
❹400 ❺1831 ❻1040
れい題2 ①3，2，325 ②4，6，467
3 ❶374 ❷548 ❸479
❹297 ❺94 ❻415

**4** ❶179　❷296　❸78
❹799　❺563　❻136

**考え方**

**1** ❶～❸ くり上がりのあるたし算では，くり上げた１を，上の位(くらい)の数字の上に小さく書いておくとよいでしょう。

❹～❻ 百の位でくり上がりがある筆算(ひっさん)です。

❷
```
  11
 572
+238
 810
```
❸
```
  11
 396
+307
 703
```
❻
```
  11
 835
+469
1304
```
千の位に１くり上がる。

**2** ❸❹ (3けた)＋(2けた)のような筆算では，位をたてにそろえて書くように気をつけます。

❸
```
  11
  49
+675
 724
```
❹
```
  11
 372
+ 28
 400
```
❻
```
  11
 489
+551
1040
```

**3** くり下がりのあるひき算では，くり下げたあとの数をわすれないように，上の位の数字を線で消(け)して，その上に小さく書いておくとよいでしょう。

❻ 十の位が０でくり下げられないときは，百の位から十の位に１くり下げ，さらに十の位から一の位に１くり下げます。百の位の数を１小さくするのをわすれないようにしましょう。

❷
```
 71
 826
-278
 548
```
❹

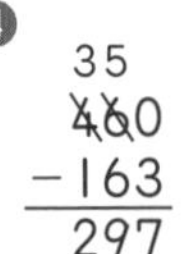

```
 35
 460
-163
 297
```
❻
```
  9
 610
 704
-289
 415
```

**4** ❸ 答えの百の位が０になるとき，百の位に０は書かず，空けておきます。

❺❻ (3けた)－(2けた)の筆算をするときは，位をたてにそろえて書くように気をつけます。

❸
```
 40
 511
-433
  78
```
０は書かない。

❹

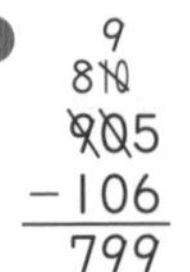

```
  9
 810
 905
-106
 799
```
❺
```
 54
 652
- 89
 563
```

## ハイレベル++　18～19ページ

**1** ❶901　❷1403
❸1021　❹1000

**2** ❶93　❷9　❸806
❹749　❺912　❻98

**3** ❶926　❷1461

**4** 式(しき) 245＋487＝732　**答え** 732こ

**5** 式 852－396＝456　**答え** 456人

**6** 式 238＋62＝300　**答え** 300さつ

**7** 式 600－43＝557　**答え** 557cm

**8** 式 1000－354＝646　**答え** 646円

**9** 式 758＋247＝1005　**答え** 1005問(もん)

**10** 式 530＋325＝855
855－470＝385　**答え** 385m

**11** 式 84＋416＝500
500＋416＝916　**答え** 916

**考え方**

**1** くり上がりに気をつけて計算します。

❶
```
  11
 823
+ 78
 901
```

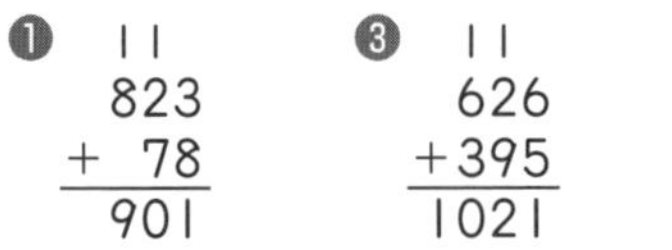

❸
```
  11
 626
+395
1021
```
❹
```
  11
 907
+ 93
1000
```

**2** ❸～❻ すぐ上の位も０のときは，さらに上の位からくり下げて計算します。

❷
```
  9
 410
 506
-497
   9
```

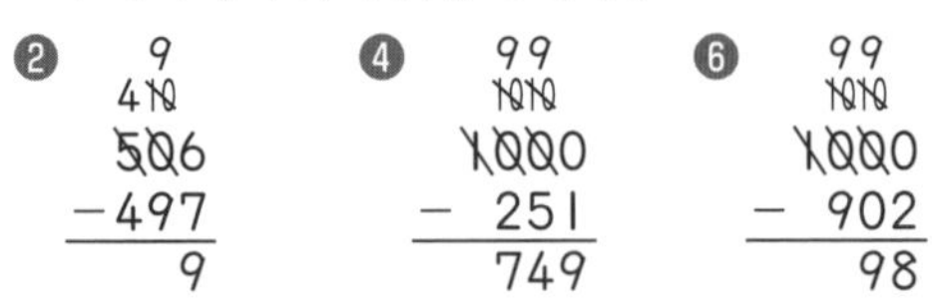

❹
```
  99
 1010
 1000
- 251
  749
```
❻
```
  99
 1010
 1000
- 902
   98
```

**3** ２つの数と同じように，位ごとに計算します。２くり上がるときもあるので，注意(ちゅうい)しましょう。

❶
```
  11
 139
 264
+523
 926
```

❷
```
  12
 478
 346
+637
1461
```

**4** [全部(ぜんぶ)の数]＝[先月集(あつ)めた数]＋[今月集めた数]

**5** [子どもの人数]＝[全部の入館者(にゅうかんしゃ)数]－[おとなの人数]

**6** 物語(ものがたり)　絵本　62さつ　238さつ

上の図から，[物語の本の数]＝[絵本の数]＋[62さつ]となります。

**7** [使(つか)った長さ]＝[全部の長さ]－[のこりの長さ]

**8** ゆうと　妹　1000円　354円

上の図から，[妹のお金]＝[ゆうとのお金]－[354円]となります。

⑨

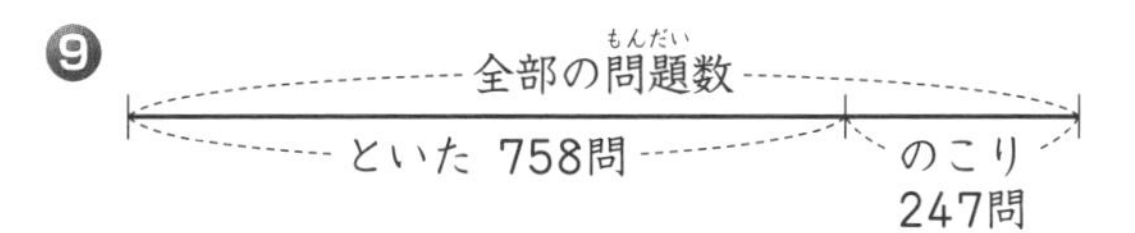


上の図から，

[全部の問題数]＝[といた問題数]＋[のこりの問題数]

⑩ 図に表すと，下のようになります。

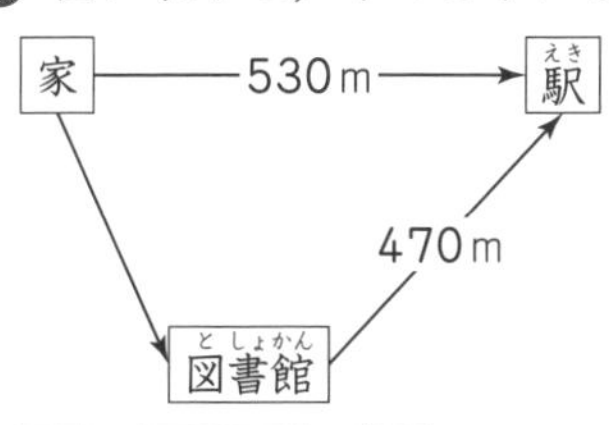


[家]→[図書館]→[駅] の道のりは，

530＋325＝855(m)です。このうち，

[図書館]→[駅] は470mだから，[家]→[図書館] は，

855－470＝385(m)になります。

⑪ ある数は，84＋416＝500です。

500に416をたした数が正しい答えです。

## 標準レベル＋　20～21ページ

[れい題1] ①5，9，2，5927

②7，4，8，7483

**1** ❶6498　❷6817

❸9085　❹8740

**2** ❶7902　❷8009　❸5004

❹7174　❺5360　❻8221

[れい題2] ①2，8，2，2829

②5，6，563

**3** ❶5125　❷3147

❸2698　❹4726

**4** ❶1987　❷469　❸775

❹5415　❺4716　❻2073

### 考え方

**1** けた数が多くなっても，たし算の筆算では，位をそろえて書いて一の位からじゅんに計算します。

❸ 1 1　3249　+5836　9085

❹ 111　1986　+6754　8740

**2** ❹～❻ (4けた)＋(3けた)などの筆算では，位をたてにそろえて書くように気をつけましょう。

❶ 11　4607　+3295　7902

❸ 111　1526　+3478　5004

❺ 111　567　+4793　5360

❻ 11　8136　+　85　8221

**3** けた数が多くなっても，ひき算の筆算では，位をそろえて書いて一の位からじゅんに計算します。

❸ 452　5634　−2936　2698

❹ 9　8100　9013　−4287　4726

**4** ❷❸ 答えのいちばん上の位が0になったとき，0は書きません。

❷ 3 8　4295　−3826　469

❸ 64　1753　−　978　775

❹ 5 4　6154　−　739　5415

❻ 9　710　8029　−5956　2073

## ハイレベル＋＋　22～23ページ

**1** ❶6001　❷7000

❸9002　❹3000

**2** ❶1799　❷6823

❸499　❹18

❺3466　❻2925

**3** ❶3312　❷2001

❸4323　❹9000

**4** 式 1125＋738＝1863

2000－1863＝137　答え 137円

**5** 式 1983＋1983＋568＝4534

答え 4534こ

**6** 式 1850－295＝1555

1555－1090＝465　答え 465cm

**7** ❶79014　❷50102

❸23398　❹9764

**8** ❶式 2640－1520＝1120　答え 1120円

❷式 1120＋860＝1980　答え 1980円

## 考え方

❶ ❷
```
  111
 5308
+1692
 7000
```
❹
```
  111
 2905
+  95
 3000
```

❷ ❷
```
  99
 81010
 9002
-2179
 6823
```
❹
```
  99
 61010
 7000
-6982
   18
```
❺
```
   9
 3105
 4064
- 598
 3466
```
❻
```
  99
 21010
 3001
-  76
 2925
```

❸ ❶ □は，5929－2617でもとめます。
❷ □は，7483－5482でもとめます。
❸ □は，6437－2114でもとめます。
❹ □は，3187＋5813でもとめます。

❹ [おつり]＝[出した金がく]－[代金(だいきん)]です。
代金は，1125＋738＝1863(円)だから，おつりは，2000－1863＝137(円)になります。

❺ 4年生が拾(ひろ)った数は，
[3年生が拾った数]＋[568こ]だから，
1983＋568＝2551(こ)
3年生と4年生の合計を，1つの式に書いてもとめましょう。

❻ 青いテープは，[赤いテープ]－[295cm]だから，
1850－295＝1555(cm)
白いテープは青いテープより1090cm短(みじか)いのだから，1555－1090＝465(cm)とわかります。

❼ 5けたの数のたし算やひき算も，4けたのときと同じように，下の位(くらい)からじゅんに計算します。

❶
```
   111
 27465
+51549
 79014
```
❷
```
  1111
 41378
+ 8724
 50102
```
❸
```
  5 47
 62583
-39185
 23398
```
❹
```
     9
 42105
 53061
-43297
  9764
```

❽ ❶ 2640－1520＝1120(円)多く使(つか)っています。
❷ 1120円多く使っても，まだ，はるなさんのほうが860円多くのこっているのだから，はじめに持(も)っていたおこづかいが，1120＋860＝1980(円)多かったことになります。このように，はじめの金がくがわからなくても，答えをもとめることができます。

## 思考力育成問題(しこうりょくいくせいもんだい)　24～25ページ

❶①買えます　②買えます
③買える　④買えます
⑤買えません　⑥買えません
⑦買えない　⑧買えません

❷218，200，438，400，100，200，400，買えません

❸(れい)98円のキウイは，100円で買えます。
298円のなしは，300円で買えます。
598円のメロンは，600円で買えます。
それぞれ，100円と300円と600円で買えるから，キウイとなしとメロン1こずつは，1000円で買えます。

## 考え方

❶① 98は100をこえないから，98円のキウイは，100円で買えます。
② 298は300をこえないから，298円のなしは，300円で買えます。
③ ①と②から，それぞれ，100円と300円で買えます。
④ 100＋300＝400より，400円で買えます。
⑤ 218は200をこえるから，218円のりんごは，200円で買えません。
⑥ 438は400をこえるから，438円のパイナップルは，400円で買えません。
⑦ ⑤と⑥から，それぞれ，200円と400円で買えません。
⑧ 200＋400＝600より，600円で買えません。

❷〈じゅ業(ぎょう)のふく習(しゅう)〉(2)をさんこうにしましょう。

❸〈じゅ業のふく習〉(1)をさんこうにしましょう。
次(つぎ)の4つが書けていれば正かいとします。

| |
|---|
| (1) キウイは100円で買える |
| (2) なしは300円で買える |
| (3) メロンは600円で買える |
| (4) キウイとなしとメロンは1000円で買える |

# 5章 大きい数のしくみ

## 標準レベル＋　26〜27ページ

**れい題1** ①7，4，37400000
②5，2，52000

**1** ❶6，8，2　❷970

**れい題2** ①一万，千，27400，>
②9，10，<

**2** ❶<　❷>

**れい題3** ①4000，24000
②7000，37000

**3** ㋐300万　㋑1600万　㋒2500万

**れい題4** ①2つ，2，7400　②1つ，0，58

**4** ❶6300　❷40500
❸78000　❹200

### 考え方

**1** ❶

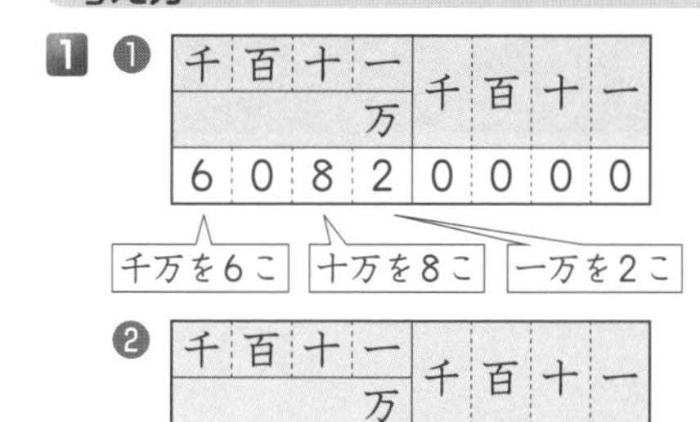

| 千 | 百 | 十 | 一 | 千 | 百 | 十 | 一 |
|---|---|---|---|---|---|---|---|
| | | | 万 | | | | |
| 6 | 0 | 8 | 2 | 0 | 0 | 0 | 0 |



❷

| 千 | 百 | 十 | 一 | 千 | 百 | 十 | 一 |
|---|---|---|---|---|---|---|---|
| | | | 万 | | | | |
| | | 9 | 7 | 0 | 0 | 0 | 0 |

1000が970こ

**2** ❶ 十の位の0と5をくらべます。
❷ 1010000は，1万を101こ集めた数で，980000は1万を98こ集めた数です。

**3** いちばん小さい1めもりは，10こで1000万になるから100万です。
㋐ 0よりめもり3こ分大きい数だから，300万。
㋑ 1000万よりめもり6こ分大きい数。
㋒ 2000万よりめもり5こ分大きい数。

**4** ❶ 10倍すると，位が1つずつ上がり，もとの数の右はしに0を1こつけた数になります。
❷ 100倍は10倍の10倍だから，もとの数の右はしに0を2こつけた数になります。
❸ 1000倍は10倍の10倍の10倍だから，もとの数の右はしに0を3こつけた数になります。
❹ 10でわると，位が1つずつ下がり，一の位の0をとった数になります。

## ハイレベル＋＋　28〜29ページ

**1** ❶850407　❷39601800

**2** 二千四万七百九十

**3** ❶99600こ　❷40万(400000)

**4** ❶75020000　❷48000000
❸5903000　❹100

**5** ❶>　❷<　❸<　❹>

**6** ❶㋐9780万　㋑9920万　㋒1億
❷ 9800万　9900万　↓

**7** ❶11000　❷4000
❸65万　❹3900万

**8** ❶>　❷<　❸＝　❹>

**9** ❶507000　❷82000000
❸2060　❹9000000

**10** ❶700　❷1000

**11** ❶12000　❷100

**12** 式 1417×100＝141700
答え 141700円

### 考え方

**1** ❶

| 千 | 百 | 十 | 一 | 千 | 百 | 十 | 一 |
|---|---|---|---|---|---|---|---|
| | | | 万 | | | | |
| | | 8 | 5 | 0 | 4 | 0 | 7 |

❷

| 千 | 百 | 十 | 一 | 千 | 百 | 十 | 一 |
|---|---|---|---|---|---|---|---|
| | | | 万 | | | | |
| 3 | 9 | 6 | 0 | 1 | 8 | 0 | 0 |

**2**

| 千 | 百 | 十 | 一 | 千 | 百 | 十 | 一 |
|---|---|---|---|---|---|---|---|
| | | | 万 | | | | |
| 2 | 0 | 0 | 4 | 0 | 7 | 9 | 0 |

千万が2こ，一万が4こ，百が7こ，十が9こです。

**3** ❶

| 千 | 百 | 十 | 一 | 千 | 百 | 十 | 一 |
|---|---|---|---|---|---|---|---|
| | | | 万 | | | | |
| 9 | 9 | 6 | 0 | 0 | 0 | 0 | 0 |

1000が99600こ

❷ 9960万は，あと40万で1億になります。

**4** ❶

| 千 | 百 | 十 | 一 | 千 | 百 | 十 | 一 |
|---|---|---|---|---|---|---|---|
| | | | 万 | | | | |
| 7 | 5 | 0 | 2 | 0 | 0 | 0 | 0 |

❷

| 千 | 百 | 十 | 一 | 千 | 百 | 十 | 一 |
|---|---|---|---|---|---|---|---|
| | | | 万 | | | | |
| 4 | 8 | 0 | 0 | 0 | 0 | 0 | 0 |

100万が48こ

❸

| 千 | 百 | 十 | 一<br>万 | 千 | 百 | 十 | 一 |
|---|---|---|---|---|---|---|---|
| | 5 | 9 | 0 | 3 | 0 | 0 | 0 |

❹

| 一<br>億(おく) | 千 | 百 | 十 | 一<br>万 | 千 | 百 | 十 | 一 |
|---|---|---|---|---|---|---|---|---|
| 1 | 0 | 0 | 0 | 0 | 0 | 0 | 0 | 0 |

100万が100こ

**5** ❶ 308000の3は十万の位(くらい)の数字，
38000の3は一万の位の数字です。

❷ 百万の位の6と7をくらべます。

❸ 900万の9は百万の位の数字，4000万の4は千万の位の数字です。

❹ 1億は1万を10000こ集(あつ)めた数で，9990万は1万を9990こ集めた数です。

**6** いちばん小さい1めもりは，10こで100万になるから10万です。

❶㋐ 9800万よりめもり2こ分小さい数だから，9780万。

㋑ 9900万よりめもり2こ分大きい数。

㋒ 9900万よりめもり10こ分大きい数，つまり，9900万より100万大きい数だから，1億。

**7** ❶ 1000をもとにすると，6+5=11で，1000が11こ。

❷ 1000が，13−9=4で，4こ。

❸ 1万が，57+8=65で，65こ。

❹ 100万が，82−43=39で，39こ。

**べっかい** 1万が，8200−4300=3900で，3900こと考えてもよい。

**8** ❶ □の右がわは，2000+3000=5000

❷ □の右がわは，80000−20000=60000

❸ □の左がわは，9万−4万=5万

❹ □の左がわは，700万−300万=400万

**9** ❶ 位が2つずつ上がり，5070の右はしに0を2こつけた数になります。

❷ 位が3つずつ上がり，82000の右はしに0を3こつけた数になります。

❸ 20600の一の位の0をとった数になります。

❹ 90000000の一の位の0をとった数になります。(9000万÷10=900万)

**10** ❶ 74000は，740を100倍(ばい)した数で，740は700より40大きい数です。

❷ 7000000より100000小さい数は，6900000で，6900000は6900を1000倍した数です。

**11** 38000を数直線上に表(あらわ)すと，下のようになります。

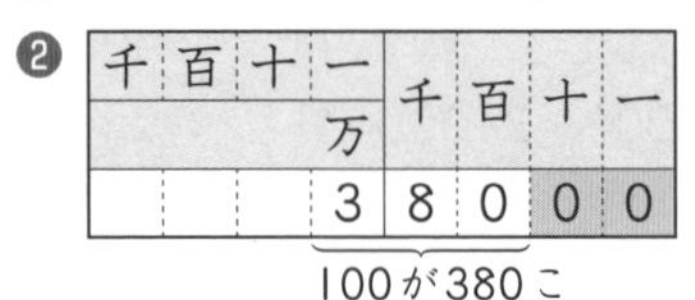


❶ 38000は50000より12000小さい数です。

❷

| 千 | 百 | 十 | 一<br>万 | 千 | 百 | 十 | 一 |
|---|---|---|---|---|---|---|---|
| | | | 3 | 8 | 0 | 0 | 0 |

100が380こ

**12** 1417円を100倍した金がくをもとめます。1417×100の答えは，1417の右はしに0を2こつけた数だから，141700になります。

## 6章 長さ

### 標準レベル+ 30～31ページ

**れい題1** ㋐10，4m10cm
㋑23，4m23cm

**1** ㋒4m17cm　㋓3m95cm

**2** ㋒

**れい題2** ①1000，4000，4000
②1，7，7，7，300

**3** ❶8000　❷6
❸5100　❹2，900

**れい題3** ①650m
②450，750，750m
③750，650，100，100m

**4** ❶350m　❷490m　❸140m

**5** ❶m　❷mm　❸km　❹cm

**考え方**

**1** ㋒ 4mより17cm長いから4m17cmです。
㋓ 4mより5cm短(みじか)いから3m95cmです。

**2** まきじゃくは，長いものやまるいものの長さをはかるときに使(つか)うとべんりです。㋐は1mのものさし，㋑は30cmのものさしを使うとよいでしょう。

**3** ❶ 1km=1000mだから，8km=8000m

❷ 6000mは1000mの6こ分で，
1000m＝1kmだから，6000m＝6km

❸ 5km＝5000mだから，100mとあわせて5100mです。

❹ 2000mと900mに分けて考えます。
1km＝1000mより，2000m＝2kmだから，2900m＝2km900mです。

**4** ❶ きょりは，まっすぐにはかった長さです。
❷ 210m＋280m＝490m
❸ 490m－350m＝140m

**5** 身近（みぢか）なものの長さを思いうかべてみましょう。

## ハイレベル＋＋　32～33ページ

**1** ❶㋑　❷㋐　❸㋒　❹㋐

**2** ㋐5m85cm　㋑6m92cm　㋒7m4cm

**3** ❶7000　❷5　❸2400　❹9，300

**4** ❶1km600m　❷2km500m　❸300m　❹1km800m

**5** 240cm

**6** 1km830m

**7** 700m

**8** ❶1050m　❷30m

**9** 南小学校，20

### 考え方

**1** 1mのものさしだと長すぎるときや，まきじゃくだと両手（りょうて）でおさえづらいときは，30cmのものさしがべんりです。

**2** 6mの左にある90は5m90cm，7mの左にある90は6m90cmを表しています。

**3** ❶ 1km＝1000mだから，7km＝7000m
❷ 5000mは1000mの5こ分で，
1000m＝1kmだから，5000m＝5km
❸ 2km＝2000mだから，400mとあわせて2400mです。
❹ 9000mと300mに分けて考えます。
1km＝1000mより，9000m＝9kmだから，9300m＝9km300mです。

**4** 同じたんいをたしたりひいたりします。
❶ 1km200m＋400m＝1km600m
❷ 1km900m＋600m＝1km＋1500m
＝1km＋1km500m＝2km500m
❸ 1km－700m＝1000m－700m＝300m
❹ 2km300m－500m
＝1km1300m－500m＝1km800m

**5** 1m＝100cmより，
100cm＋100cm＋40cm＝240cm

**6** 家から交番までの道のりと，交番から公園までの道のりをあわせます。
970m＋860m＝1830m＝1km830m

**7** 1km100m＝1100mだから，道のりのかん係（けい）は次のようになります。

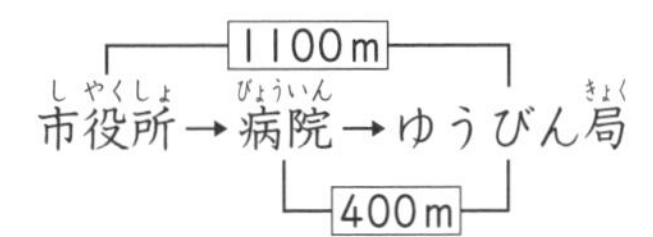


市役所→病院の道のりは，ひき算でもとめます。
1100m－400m＝700m

**8** ❶ 1km＝1000mより，1km50m＝1050m
❷ 図書館（としょかん）の前を通って行く道のりは，
620m＋600m＝1220m
交番の前を通って行く道のりは，
510m＋740m＝1250m
道のりのちがいは，
1250m－1220m＝30m

**9** 北駅（えき）→西公園→南小学校の道のりが480mより，
㋐＋㋑＝480m
北駅→東神社（じんじゃ）→南小学校の道のりが600mより，
㋓＋㋒＝600m
㋐，㋑，㋒，㋓をあわせた道のりは，
480m＋600m＝1080m
ここで，西公園→南小学校→東神社の道のりが530mより，㋑＋㋒＝530mだから，
西公園→北駅→東神社の道のり（㋐＋㋓）は，
1080m－530m＝550m
道のりのちがいは，550m－530m＝20mで，南小学校の前を通って行くほうが20m近いです。

## 7章 あまりのあるわり算

### 標準レベル＋　34〜35ページ

れい題1　①4，12，2，16，2，3，2，3，2
②4，12，3，16，1，3，3，3，3

1 ❶4あまり1　❷3あまり2
❸6あまり3　❹5あまり5
❺9あまり2　❻3あまり4
❼8あまり2　❽7あまり8
❾2あまり4

2 式(しき) 38÷7＝5あまり3
答え 5本できて，3cmあまる。

れい題2　①3，15，18，5，1，5，1，5，1
②16，5，16

3 ❶答え 4あまり3
たしかめ 4×4＋3＝19
❷答え 3あまり2
たしかめ 8×3＋2＝26
❸答え 6あまり4
たしかめ 5×6＋4＝34
❹答え 5あまり7
たしかめ 9×5＋7＝52

4 式 46÷6＝7あまり4
答え 1ふくろは7こになって，4こあまる。

#### 考え方

1 わり算で，あまりがあるときはわりきれないといい，あまりがないときはわりきれるといいます。あまりは，わる数より小さくなるようにします。
❶ わる数が2だから，あまりは1だけです。
❷ わる数が5だから，あまりは1〜4です。
❸ わる数が4だから，あまりは1〜3です。
❹❾ わる数が8だから，あまりは1〜7です。
❺ わる数が3だから，あまりは1か2です。
❻ わる数が7だから，あまりは1〜6です。
❼ わる数が6だから，あまりは1〜5です。
❽ わる数が9だから，あまりは1〜8です。

2 [本数]＝[全体(ぜんたい)の長さ]÷[1本の長さ]だから，式は，38÷7です。答えは，7のだんの九九を使(つか)って，7×[5]＝35　7×[6]＝42より，5本できて，（38より大きい）
38－35＝3(cm)あまります。

3 たしかめの式の答えがわられる数になっていれば，正しい答えです。あまりが，わる数より小さくなっているかもたしかめましょう。

4 [1ふくろの数]＝[全部(ぜんぶ)のりんごの数]÷[ふくろの数]だから，式は，46÷6です。答えは，6のだんの九九を使って，6×[7]＝42
6×[8]＝48より，1ふくろは7こになって，（46より大きい）
46－42＝4(こ)あまります。

### ハイレベル＋＋　36〜37ページ

❶ ❶3あまり1　❷2あまり6
❸6あまり7　❹9あまり4
❺7あまり3　❻2あまり7
❼6あまり4　❽3あまり7
❾4あまり5　❿7あまり6

❷ ❶たしかめ 6×4＋3＝27，3あまり3
❷たしかめ 2×8＋3＝19，9あまり1
❸たしかめ 3×6＋2＝20，○
❹たしかめ 7×9＋3＝66，8あまり4

❸ ❶式 53÷8＝6あまり5
答え 6箱(はこ)できて，5こあまる。
❷式 53÷7＝7あまり4
答え 1人7こになって，4こあまる。

❹ ❶式 9×4＋7＝43　答え 43
❷式 43÷5＝8あまり3　答え 8あまり3

❺ ❶13　❷58　❸4　❹9

❻ 式 70÷8＝8あまり6　8－6＝2
答え 8まい買える。2円たりない。

❼ ❶◆　❷17こ

#### 考え方

❶ わる数のだんの九九を使って，答えをもとめます。あまりがわる数より小さくなっているか，たしかめましょう。

❷ たしかめの式の答えがわられる数になっているだけでは，正しい答えとはかぎりません。あまりがわる数より大きいまちがいもあります。
❶ たしかめの式の答えが27で，わられる数に

ならないので，この答えはまちがっています。

❷ たしかめの式の答えが19で，わられる数になっていますが，あまりの3がわる数の2より大きいので，この答えはまちがっています。

❸ たしかめの式の答えがわられる数になっていて，あまりの2もわる数の3より小さいので，この答えは正しい。

❹ たしかめの式の答えが66で，わられる数にならないので，この答えはまちがっています。

さんこう 60÷7＝8あまり4の答えの「8」の部分を「商」といいます。これは4年で学習します。

❸ ❶ 箱の数＝全部のあめの数÷1箱分の数
だから，式は，53÷8になります。

❷ 1人分の数＝全部のあめの数÷分ける人数
だから，式は，53÷7になります。

❹ ❶ 9でわった答えが「4あまり7」だから，答えのたしかめの式で，わられる数，つまりある数をもとめることができます。

❷ ❶の答え43を5でわった答えをもとめます。

❺ ❶ □はわられる数だから，答えのたしかめの式を使って，2×6＋1＝13　□は13です。

❷ 6×9＋4＝58 だから，□は58です。

❸ あまりが2なので，わる数は2より大きいから，じゅんにあてはめてみます。
□＝3のとき，22÷3＝7あまり1
□＝4のとき，22÷4＝5あまり2
よって，□は4です。

❹ わられる数が68なので，九九で考えるとわる数は6より大きいから，じゅんにあてはめてみると，
□＝7のとき，68÷7＝9あまり5
□＝8のとき，68÷8＝8あまり4
□＝9のとき，68÷9＝7あまり5
よって，□は9です。

❻ 70÷8＝8あまり6より，8まいまで買えることがわかります。のこりは6円だから，9まい買うには，8－6＝2(円)たりません。

❼ ♥◆♣♠♣♥の6こが1セットとなっています。

❶ 32÷6＝5あまり2より，32番目は，5セットならんだ後の，次のセットの2番目のマークなので，◆になります。

❷ 1セットの中に，♥は2こあります。
53÷6＝8あまり5より，53番目までに8セットならんでいるから，2×8＝16(こ)
次のセットの5番目のマークまでに♥は1こだから，全部で16＋1＝17(こ)あります。

## 標準レベル＋　38～39ページ

れい題1　1，1，5，5，4，3，5

1 式 34÷4＝8あまり2　答え 9回
2 式 46÷8＝5あまり6　答え 6つ
3 式 57÷9＝6あまり3　答え 7日

れい題2　2，3，3，2，3

4 式 38÷5＝7あまり3　答え 7つ
5 式 46÷7＝6あまり4　答え 6こ
6 式 26÷3＝8あまり2　答え 8さつ

考え方

1 あまりの2こを運ぶために，もう1回運ぶひつようがあります。
2 あまりの6こを入れるために，箱がもう1ついります。
3 あまりの3問をとくのに，もう1日かかります。
4 あまりの3こでは，1ふくろ分になりません。
5 あまりの4cmでは，かざりを1こ作ることはできません。
6 あまりの2cmに，あつさ3cmの本は入りません。

## ハイレベル＋＋　40～41ページ

1 式 37÷8＝4あまり5　答え 5まい
2 式 30÷4＝7あまり2　答え 7人
3 式 56÷6＝9あまり2　答え 10人
4 式 29÷5＝5あまり4　答え 5こ
5 式 22÷3＝7あまり1　答え 8台目
6 ❶式 7×4＋3＝31　答え 31こ
　❷式 31÷9＝3あまり4　答え 3つ
7 式 6×8＝48　48÷5＝9あまり3
　10－8＝2　答え 2きゃく
8 ❶式 60÷8＝7あまり4　答え 7台
　❷式 40÷7＝5あまり5　答え 6だん

### 考え方

❶ のこりの5まいのカードを作るのに，画用紙があと1まいいります。

❷ 3L＝30dLです。のこりの2dLは配ることができません。

❸ 1人6さつずつ9人で運ぶと，2さつのこるから，あと1人いれば，全部を1回で運べます。

❹ あまりの4まいでは，花を1つ作ることはできません。

❺ 7台目までに，3×7＝21(人)乗れます。22番目にならんでいるあやかさんが乗るのは，8台目になります。

❻ まず，全部のみかんの数をもとめます。

❶ かご5つのうち，みかんが7こ入っているのは4つで，5つ目のかごのみかんは3こだから，7×4＋3＝31(こ)が全部の数です。

❷ 31÷9＝3あまり4　あまりの分は入れないから，9こ入りのかごは3つです。

❼ 8きゃくの長いす全部に6人ずつすわっているのだから，子どもの人数は，6×8＝48(人)
48÷5＝9あまり3より，のこった3人がすわるのに長いすがあと1きゃくいるから，1をたして，ひつような長いすの数は10きゃくです。
はじめの長いすの数は8きゃくだから，10－8＝2より，あと2きゃくいることになります。

❽ ❶ あまりの4cmに車を1台ならべることはできないから，7台です。

❷ たな1だんに7台だから，40÷7＝5あまり5で，あまった5台をならべるのに，もう1だんたなを使います。

## 8章 円と球

標準レベル＋　42～43ページ

れい題1　①直径，直径，2，2，8，8cm
②㋐，㋐

1 ❶直線イエ
❷右の図

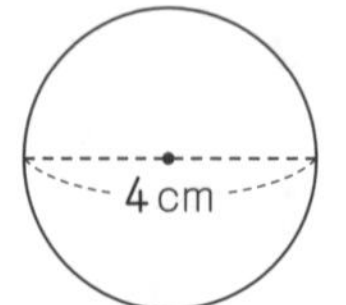


2 ㋑

れい題2
①中心，中心
②中心，半径，半径，14，7，7cm

3 ❶中心　❷直径　❸16cm

4 ❶5cm　❷10cm

### 考え方

1 ❶ いちばん長い直線は，円の中心を通る直線(直径)です。

❷ コンパスの先を2cmに開いて円をかきます。

2 下の図のように，㋐の直線の上に，㋑のおれ線の長さをコンパスを使ってうつしとり，長さをくらべると，㋑の3本の直線の長さを全部たしたほうが㋐よりも長いことがわかります。

㋐

3 ❶ 球のどこを切っても切り口はいつも円になります。切り口の円がいちばん大きくなるのは，球の中心を通るように切ったときです。

❷ 切り口の円の中心を通り，円のまわりからまわりまでひいた直線だから，球の直径です。

❸ 直線アイは球の半径，直線ウエは球の直径です。球の直径の長さは半径の2倍だから，8×2＝16より，16cmです。

4 ❶ 箱にボールが1こぴったり入っているから，ボールの直径は10cmです。球の半径の長さは直径の半分だから，10÷2＝5より，5cmです。

❷ 箱にボールが1こぴったり入っているから，この箱の下の面は正方形です。正方形の辺の長さはみんな等しいから，㋮の長さは10cmです。

ハイレベル＋＋　44～45ページ

❶ ❶24cm　❷9cm

❷ ❶32cm　❷14cm　❸9cm

❸ ❶12cm　❷3cm

❹ ❶20cm　❷10cm

❺ ㋑→㋒→㋐

❻ 8cm

❼ ❶11cm　❷16cm　❸4cm

## 考え方

❶ ❶ 円の直径の長さは半径の2倍だから，
$12\times2=24$ より，24cmです。
❷ 円の半径の長さは直径の半分だから，
$18\div2=9$ より，9cmです。

❷ ❶ 球の直径の長さは半径の2倍だから，
$16\times2=32$ より，32cmです。
❷ 球の半径の長さは直径の半分だから，
$28\div2=14$ より，14cmです。
❸ 球の直径の長さは半径の2つ分だから，
4cm5mm＋4cm5mm＝9cm

❸ ❶ 大きい円の半径が6cmです。
❷ 小さい円の直径が6cmです。

❹ 真上(まうえ)から見ると，右の図のようになります。

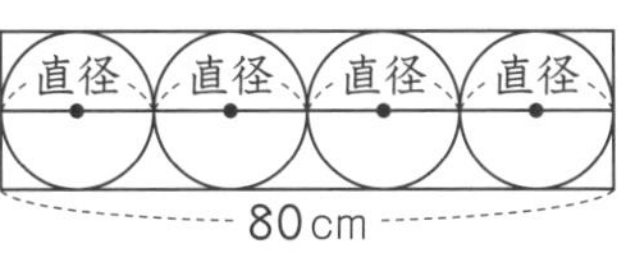


❶ ㋐の長さは直径4つ分になるから，直径は，
$80\div4=20$ より，20cmです。
❷ 半径は，$20\div2=10$ より，10cmです。

❺ コンパスを使ってくらべます。

❻ 直線アイの長さは，半径3つ分の長さと同じです。
また，直線ウエの長さは，半径2つ分の長さ，つまり，直径と同じです。
半径が，$12\div3=4$ より，4cmだから，直線ウエの長さは，$4\times2=8$ より，8cmです。

❼ ❶ ㋐の長さは，直径2つ分の長さと同じだから，直径は，$22\div2=11$ より，11cmです。
❷ ㋑の長さは，直径3つ分の長さと同じだから，直径は，$24\div3=8$ より，8cmです。㋐の長さは，直径2つ分の長さだから，$8\times2=16$ より，16cmです。
❸ ㋐の長さは直径2つ分，㋑の長さは直径3つ分の長さと同じだから，㋐と㋑をあわせた長さは，直径5つ分の長さと同じです。
直径が，$40\div5=8$ より，8cmなので，
半径は，$8\div2=4$ より，4cmです。

## 思考力育成問題　46～47ページ

❶ ①100＋100　②200－30
③100－30　④70＋100
⑤70＋70　⑥140＋30

❷ ⑦＋，80，200，200，－，175
⑧－，120，55，80，－，55

❸ (れい)ケの長さを，キの長さからひくと，
175－80＝95，120－95＝25

## 考え方

❶ 全体(ぜんたい)の長さをもとめる問題(もんだい)です。
①② 2本のものさしの長さ(アとイ)をたすと，重(かさ)なりの部分の長さ(エ)を2回たしたことになるから，あとで重なりの部分の長さをひきます。
③④ 全体の長さは，1本のものさしの長さ(ア)から重なりの部分の長さ(エ)をひいた長さ(ウ)に，もう1本のものさしの長さ(イ)をたした長さになります。
⑤⑥ 2本のものさしの長さ(アとイ)それぞれから重なりの部分の長さ(エ)をひくと，重なりの部分の長さを2回ひいたことになるから，あとで重なりの部分の長さをたします。

❷ つなぎめの長さ，つまり，重なりの部分の長さをもとめる問題です。
⑦ カは175cm，キは120cm，クは80cmだから，キ＋ク＝120＋80＝200，
200－カ＝200－175＝25
⑧ カ－キ＝175－120＝55(コ)，
ク－コ＝80－55＝25

❸ かなさんのせつ明(⑧のすぐ前の文と⑧にあてはまる式(しき))をさんこうにしましょう。
次(つぎ)の3つが書けていれば正かいとします。

(1) ケの長さをキの長さからひく
(2) 175－80＝95
(3) 120－95＝25

# 9章 1けたの数をかけるかけ算

## 標準レベル＋ 48〜49ページ

れい題1 ①10, 10, 120, 120
②3, 6, 3, 63 ③4, 9, 4, 94

1 ❶280 ❷800 ❸4800
❹66 ❺48 ❻99
❼81 ❽98 ❾90

2 式 38×2=76 答え 76本

れい題2 ①8, 2, 0, 8, 208
②2, 2, 5, 2, 252

3 ❶147 ❷126 ❸720
❹138 ❺285 ❻702

4 ❶148 ❷249 ❸279
❹294 ❺570 ❻552

### 考え方

1 ❶ 10をもとにして計算します。
10が4×7=28で, 28こ
べっかい かけられる数が10倍になると, 答えも10倍になるから, 4×7の答えの10倍になります。
❷ 100をもとにして計算します。
100が2×4=8で, 8こ
べっかい かけられる数が100倍になると, 答えも100倍になるから, 2×4の答えの100倍になります。
❸ 100をもとにして計算します。
100が8×6=48で, 48こ

❹ 11×6=66 ❺ 24×2=48 ❻ 33×3=99

❼〜❾ くり上がりがあるときは, くり上げた数を小さく書いておくと, よいでしょう。

❼ 27×3=81（くり上がり2） ❽ 14×7=98（くり上がり2） ❾ 45×2=90（くり上がり1）

2 全部の花の数 = 1たばの花の数 × たばの数
だから, 式は, 38×2となります。

3 ❶ 21×7=147 ❷ 63×2=126 ❸ 90×8=720
❹ 46×3=138（くり上がり1） ❺ 57×5=285（くり上がり3）
❻ 十の位の計算をした数に一の位からくり上げた数をたすときに, 百の位にくり上がります。気をつけて計算しましょう。

78×9 → 一の位 2（くり上がり7） ➡ 702

「九八72」2を一の位に書き, 7を十の位にくり上げる。
「九七63」63にくり上げた7をたして70。0を十の位に, 7を百の位に書く。

4 ❶ 74×2=148 ❷ 83×3=249 ❸ 31×9=279
❹ 42×7=294（くり上がり1） ❺ 95×6=570（くり上がり3） ❻ 69×8=552（くり上がり7）

## ハイレベル＋＋ 50〜51ページ

1 ❶90 ❷560
❸3000 ❹3600

2 ❶26 ❷88 ❸84

3 ❶84 ❷87 ❸96
❹98 ❺90 ❻70

4 ❶128 ❷427 ❸159
❹168 ❺455 ❻630

5 ❶141 ❷424 ❸340
❹324 ❺304 ❻510

6 ❶式 72×5=360 答え 360円
❷式 38×8=304 500−304=196
答え 196円

7 式 24×7=168 答え 168ページ

8 ❶ア…4, イ…6, ウ…5
❷ア…5, イ…7, ウ…5
❸ア…7, イ…2, ウ…6

9 式 29×6=174 答え 174m

10 式 46×9=414 17×4=68
414+68=482 答え 4m82cm

### 考え方

1 10や100をもとにして計算しましょう。

❷ ❶ $\begin{array}{r} 13 \\ \times\ 2 \\ \hline 26 \end{array}$ ❷ $\begin{array}{r} 22 \\ \times\ 4 \\ \hline 88 \end{array}$ ❸ $\begin{array}{r} 42 \\ \times\ 2 \\ \hline 84 \end{array}$

❸ ❶ $\begin{array}{r} 12 \\ \times\ 7 \\ \hline 84 \end{array}$ ❷ $\begin{array}{r} 29 \\ \times\ 3 \\ \hline 87 \end{array}$ ❸ $\begin{array}{r} 16 \\ \times\ 6 \\ \hline 96 \end{array}$

❹ $\begin{array}{r} 49 \\ \times\ 2 \\ \hline 98 \end{array}$ ❺ $\begin{array}{r} 18 \\ \times\ 5 \\ \hline 90 \end{array}$ ❻ $\begin{array}{r} 35 \\ \times\ 2 \\ \hline 70 \end{array}$

❹ ❶ $\begin{array}{r} 32 \\ \times\ 4 \\ \hline 128 \end{array}$ ❷ $\begin{array}{r} 61 \\ \times\ 7 \\ \hline 427 \end{array}$ ❸ $\begin{array}{r} 53 \\ \times\ 3 \\ \hline 159 \end{array}$

❹ $\begin{array}{r} 84 \\ \times\ 2 \\ \hline 168 \end{array}$ ❺ $\begin{array}{r} 91 \\ \times\ 5 \\ \hline 455 \end{array}$ ❻ $\begin{array}{r} 70 \\ \times\ 9 \\ \hline 630 \end{array}$

❺ ❶ $\begin{array}{r} 47 \\ \times\ 3 \\ \hline 141 \end{array}$ ❷ $\begin{array}{r} 53 \\ \times\ 8 \\ \hline 424 \end{array}$ ❸ $\begin{array}{r} 68 \\ \times\ 5 \\ \hline 340 \end{array}$

❹ $\begin{array}{r} 36 \\ \times\ 9 \\ \hline 324 \end{array}$ ❺ $\begin{array}{r} 76 \\ \times\ 4 \\ \hline 304 \end{array}$ ❻ $\begin{array}{r} 85 \\ \times\ 6 \\ \hline 510 \end{array}$

❻ ❶ [代金(だいきん)]＝[１このねだん]×[チョコレートの数]
❷ [おつり]＝[出した金がく]－[ガムの代金]
ガムの代金は，38×8＝304(円)だから，
おつりは，500－304＝196(円)

❼ １週間は７日だから，式は24×7になります。

❽ わかるところからうめていきましょう。
❶ [イ]×3の一の位が８になるから，３のだんの九九で考えて，[イ]は6。くり上げた１と6×[ア]をたして2[ウ]になるから，６のだんの九九で考えて，[ア]は4。6×4＝24の24に１をたすから，[ウ]は5。
❷ 9×[イ]の一の位が３になるから，９のだんの九九で考えて，[イ]は7。くり上げた６と9×[ア]をたして[ウ]１になることから，９のだんの九九で考えると，9×5＝45に６をたすと51になる。だから，[ア]は5，[ウ]も5。
❸ 8×3＝24で，くり上げた数をたしても39にはならないから，[イ]は2で，一の位の計算でくり上げた数は5。8×[ア]が5[ウ]になるのだから，８のだんの九九で考えて，[ア]は7。8×7＝56だから，[ウ]は6。

❾ 池のまわりの長さは，29mの６つ分だから，式は29×6になります。

❿ [はじめの長さ]＝[切り取(と)った長さ]＋[のこりの長さ]
切り取った長さは，46×9＝414(cm)で，のこりの長さは，17cmのテープ４本分だから，17×4＝68(cm)になります。

## 標準レベル＋　52～53ページ

**れい題１** ①4，7，4，9，7，4，974
②8，2，8，1，7，2，8，1728

**1** ❶648　❷4328　❸2295

**2** ❶868　❷546　❸958
❹3684　❺1287　❻4248
❼1148　❽5845　❾3380

**れい題２** ①180，180，360，2，360，360
②6，6，360，2，360，360　同じ

**3** ❶2　❷2　❸5　❹3

**4** ❶540　❷1470
❸3740　❹3200

### 考え方

**1** ❶ 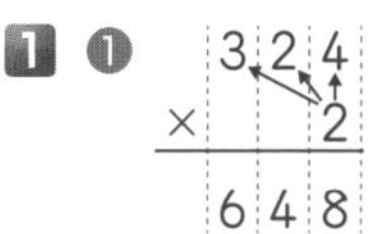
$\begin{array}{r} 324 \\ \times\ \ \ 2 \\ \hline 648 \end{array}$
❷ $\begin{array}{r} 541 \\ \times\ \ \ 8 \\ \hline 4\overset{3}{3}28 \end{array}$
❸ $\begin{array}{r} 765 \\ \times\ \ \ 3 \\ \hline 2\overset{1}{2}\overset{1}{9}5 \end{array}$

**2** 位をたてにそろえて書いて，一の位からじゅんに計算します。

❶ $\begin{array}{r} 217 \\ \times\ \ \ 4 \\ \hline 8\overset{2}{6}8 \end{array}$
❷ $\begin{array}{r} 182 \\ \times\ \ \ 3 \\ \hline \overset{2}{5}46 \end{array}$
❸ $\begin{array}{r} 479 \\ \times\ \ \ 2 \\ \hline \overset{1}{9}\overset{1}{5}8 \end{array}$

❹ $\begin{array}{r} 921 \\ \times\ \ \ 4 \\ \hline 3684 \end{array}$
❺ $\begin{array}{r} 429 \\ \times\ \ \ 3 \\ \hline 12\overset{2}{8}7 \end{array}$
❻ $\begin{array}{r} 708 \\ \times\ \ \ 6 \\ \hline 4248 \end{array}$

❼ $\begin{array}{r} 574 \\ \times\ \ \ 2 \\ \hline 1\overset{1}{1}48 \end{array}$
❽ $\begin{array}{r} 835 \\ \times\ \ \ 7 \\ \hline 58\overset{2}{4}\overset{3}{5} \end{array}$
❾ $\begin{array}{r} 676 \\ \times\ \ \ 5 \\ \hline 33\overset{3}{8}\overset{3}{0} \end{array}$

**3** (●×▲)×■＝●×(▲×■)にあてはめます。

**4** ❶ 60×3×3＝60×(3×3)＝60×9＝540
❷ 147×2×5＝147×(2×5)＝147×10
＝1470
❸ 374×5×2＝374×(5×2)＝374×10
＝3740
❹ 400×4×2＝400×(4×2)＝400×8
＝3200

## ハイレベル++　54〜55ページ

❶ ❶936　❷496　❸814
❹849　❺752　❻845
❼2484　❽1408　❾1584
❿3618　⓫2556　⓬5826
⓭1976　⓮4914　⓯5160

❷ ❶5380　❷1000
❸300　❹8900

❸ 式 65×5×2=650　答え 650円

❹ ❶式 163×7=1141　答え 1141円
❷式 280×7=1960　答え 1L960mL

❺ 式 468×3=1404　2000−1404=596
答え 596まい

❻ ❶7962　❷24402　❸48072

❼ ❶ア…7，イ…5，ウ…4
❷ア…8，イ…4，ウ…2，エ…5

❽ 式 178×4=712　178−24=154
154×6=924　924−712=212
答え 212円

### 考え方

❶ ❶ $\begin{array}{r} 312 \\ \times\ \ 3 \\ \hline 936 \end{array}$　❷ $\begin{array}{r} 124 \\ \times\ \ 4 \\ \hline 496 \end{array}$　❸ $\begin{array}{r} 407 \\ \times\ \ 2 \\ \hline 814 \end{array}$

❹ $\begin{array}{r} 283 \\ \times\ \ 3 \\ \hline 849 \end{array}$　❺ $\begin{array}{r} 376 \\ \times\ \ 2 \\ \hline 752 \end{array}$　❻ $\begin{array}{r} 169 \\ \times\ \ 5 \\ \hline 845 \end{array}$

❼ $\begin{array}{r} 621 \\ \times\ \ 4 \\ \hline 2484 \end{array}$　❽ $\begin{array}{r} 704 \\ \times\ \ 2 \\ \hline 1408 \end{array}$　❾ $\begin{array}{r} 528 \\ \times\ \ 3 \\ \hline 1584 \end{array}$

「二七14」の14を書く場所に気をつける。

❿ $\begin{array}{r} 402 \\ \times\ \ 9 \\ \hline 3618 \end{array}$　⓫ $\begin{array}{r} 852 \\ \times\ \ 3 \\ \hline 2556 \end{array}$　⓬ $\begin{array}{r} 971 \\ \times\ \ 6 \\ \hline 5826 \end{array}$

⓭ $\begin{array}{r} 247 \\ \times\ \ 8 \\ \hline 1976 \end{array}$　⓮ $\begin{array}{r} 546 \\ \times\ \ 9 \\ \hline 4914 \end{array}$　⓯ $\begin{array}{r} 645 \\ \times\ \ 8 \\ \hline 5160 \end{array}$

❷ ❶ 538×2×5=538×(2×5)
=538×10=5380
❷ 125の8倍が1000になることを使います。
125×2×4=125×(2×4)=125×8
=1000
❸ 25の4倍が100になることを使います。
3×25×4=3×(25×4)=3×100=300
❹ 89×20×5=89×(20×5)=89×100
=8900

❸ 65円の5本分を2組買うから，式は，65×5×2
65×5×2=65×(5×2)として計算します。
さんこう 5×2=10(本)は，買うえん筆の本数を表しています。

❹ ❶ 代金=1本のねだん×ジュースの本数
だから，式は，163×7になります。
❷ 全部のかさ=1本のかさ×ジュースの本数
だから，式は，280×7=1960
1960mL=1L960mL
注意 1L=1000mLです。

❺ のこりのまい数=はじめのまい数
−配ったまい数
配ったまい数=1クラス分のまい数×クラス数
だから，2000まいから468×3の答えをひいてもとめます。

❻ かけられる数が4けたになっても，筆算のしかたは同じです。

❶
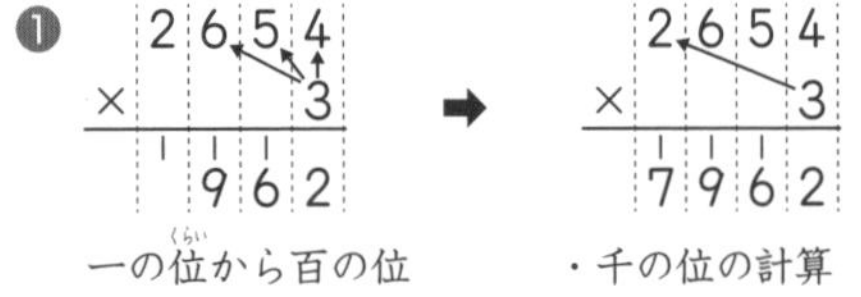

一の位から百の位まで，じゅんに計算する。
・千の位の計算
「三二が6」
くり上げた1をたして7

❷ $\begin{array}{r} 3486 \\ \times\ \ \ \ \ 7 \\ \hline 24402 \end{array}$　❸ $\begin{array}{r} 6009 \\ \times\ \ \ \ \ 8 \\ \hline 48072 \end{array}$

❼ ❶ 6×イの一の位が0だから，イは0か5。十の位の計算から，一の位の計算ではくり上がりがあるので，イは5。6×5=30のくり上げた3と，6×4=24をたして27。くり上げた2と6×アをたして4ウになるから，6のだんの九九で考えて，アは7，ウは4。
❷ 9×イの一の位が6だから，9のだんの九九で考えて，イは4。9×4=36のくり上げた3と9×アをたした一の位が5。9のだんの九九で考えて，9×8=72に3をたすと75になるから，アは8。くり上げた7と9×2

＝18をたして25だから，ウは2，エは5。

❽ 予定(よてい)のとおり4さつ買うと，代金は，
178×4＝712(円)
1さつのねだんは，178－24＝154(円)になって，4＋2＝6(さつ)買ったから，じっさいの代金は，154×6＝924(円)
この2つの代金のちがいが，おつりのちがいだから，おつりは予定より，924－712＝212(円)少なくなります。

## 10章 暗算，式と計算

### 標準レベル＋ 56〜57ページ

れい題1 ①13，13，93，95，95，93，93
②4，4，24，23，23，24，24

1 ❶51 ❷75
❸25 ❹33

れい題2 ①80，6，80，6，86，86
②7，7，700，700

2 ❶96 ❷600

れい題3 ①43，60，85，85
②61，78，100，78，178，178

3 ❶97 ❷159

れい題4 ①180，20，180，180
②30，240，40，240，240

4 ❶37，90，360
❷29，50，400

#### 考え方

1 自分のすきなとき方を使いましょう。
❶ ・10＋30＝40　4＋7＝11　40＋11＝51
・14＋40＝54　54－3＝51
べっかい 14＋30＝44　44＋7＝51
❷ ・20＋40＝60　9＋6＝15　60＋15＝75
・29＋50＝79　79－4＝75
べっかい 29＋40＝69　69＋6＝75
❸ ・70－50＝20　11－6＝5　20＋5＝25
・81－60＝21　21＋4＝25
べっかい 81－51＝30　30－5＝25
❹ ・90－60＝30　10－7＝3　30＋3＝33
・100－70＝30　30＋3＝33
べっかい 100－60＝40　40－7＝33

2 ❶ 30×3＝90　2×3＝6　90＋6＝96
❷ 25×24＝25×4×6＝100×6＝600

3 ❶ 47＋18＋32＝47＋(18＋32)＝47＋50
＝97
❷ 24＋59＋76＝(24＋76)＋59＝100＋59
＝159

4 (●×■)＋(▲×■)＝(●＋▲)×■，
(●×■)－(▲×■)＝(●－▲)×■を使います。

### ハイレベル＋＋ 58〜59ページ

1 ❶94 ❷74 ❸121 ❹153
❺46 ❻67 ❼29 ❽62
❾93 ❿680 ⓫400 ⓬800

2 ❶125 ❷194 ❸200
❹450 ❺180 ❻300

3 ❶式 (120×3)＋(380×3)＝1500
答え 1500円
❷式 (120＋380)×3＝1500
答え 1500円

4 ❶式 (30×9)－(30×7)＝60
答え 60cm
❷式 30×(9－7)＝60　答え 60cm

5 式 (900－500)×6＝2400
答え 2L400mL

6 式 (10＋20)×7＝210　答え 3時間30分

7 ❶188 ❷1100

8 14，7，25，12，25，4，25，4，100，900
答え 900円

#### 考え方

1 ❶〜❽ 自分のすきなとき方を使いましょう。
❾ 30×3＝90　1×3＝3　90＋3＝93
❿ 300×2＝600　40×2＝80
600＋80＝680
⓫ 25×16＝25×4×4＝100×4＝400
⓬ 32×25＝25×32＝25×4×8＝100×8
＝800

2 ❶ 25＋53＋47＝25＋(53＋47)＝25＋100
＝125
❷ 38＋94＋62＝(38＋62)＋94＝100＋94

$=194$

❸ $11+26+89+74=(11+89)+(26+74)$

$=100+100=200$

❹ $(23\times5)+(5\times67)=(23\times5)+(67\times5)$

$=(23+67)\times5=90\times5=450$

❺ $(3\times84)-(24\times3)=(84\times3)-(24\times3)$

$=(84-24)\times3=60\times3=180$

❻ $(6\times92)-(42\times6)=(92\times6)-(42\times6)$

$=(92-42)\times6=50\times6=300$

**3** 120円のキウイ1こと380円のりんご1こを1組にした代金(だいきん)を3倍(ばい)する❷のほうが，計算がかんたんです。

**4** 切り分けた本数のちがいをもとめて，それを30にかける❷のほうが，計算がかんたんです。

**5** 1本分の水のかさのちがいは，

$900-500=400$(mL)

6本分のちがいは，$400\times6=2400$(mL)

2400mL＝2L400mL

**注意(ちゅうい)** 1L＝1000mLです。

**6** 1日の練習(れんしゅう)時間は，$10+20=30$(分)

1週間の練習時間は，$30\times7=210$(分)

210分＝3時間30分

**注意** 1時間＝60分だから，3時間＝180分です。

**7** ❶ $(94\times26)+(41\times94)-(65\times94)$

$=(94\times26)+(94\times41)-(94\times65)$

$=94\times(26+41-65)=94\times(67-65)$

$=94\times2=188$

❷ $(78\times44)-(44\times53)=(78\times44)-(53\times44)$

$=(78-53)\times44=25\times44$

$=\underline{25\times4}\times11=\underline{100}\times11$

$=11\times100=1100$

**注意** $25\times4=100$を使(つか)います。

**8** 1人分の代金は，

$14\times3+11\times3=(14+11)\times3=25\times3$(円)

子どもの人数は，$5+7=12$(人)

全部(ぜんぶ)の代金は，

$25\times3\times12=25\times3\times4\times3$

$=25\times4\times3\times3=100\times9=900$(円)

# 11章 表とぼうグラフ

## 標準レベル＋ 60～61ページ

**れい題1** ①ア…6，イ…正T，ウ…下，エ…3，オ…正下，カ…8

②図工

**1** ❶1人

❷右の図

❸5人

すきな教科調(しら)べ

(人) 10, 5, 0

図工　体育(たいいく)　算数　国語　その他(た)

**れい題2** ①5，2

②8

③6，8，16，46，46

④3，3

**2** ❶5分

❷1時間55分

**3** ア…正しくない，イ…正しくない，ウ…正しい

### 考え方

**1** ❶ 5人を5つに分けているから，1めもりは1人です。

❷ 体育は7人だから7めもり，その他は4人だから4めもりです。

❸ 図工は8人，国語は3人です。

**2** ❶ 30分を6つに分けているから，1めもりは5分です。

❷ 25分＋10分＋45分＋20分＋15分

＝115分＝1時間55分

**3** ア…10さつより少ない日は，火曜日，水曜日，木曜日の3日あります。

イ…いちばん多いのは金曜日の16さつ，いちばん少ないのは木曜日の4さつだから，ちがいは，$16-4=12$(さつ)

ウ…月曜日が12さつ，火曜日が6さつで，$12\div6=2$より，火曜日にかりた本の数は，月曜日にかりた本の数の半分になっています。

## ハイレベル＋＋ 62～63ページ

**1** ❶ア…8，イ…3，ウ‥6，エ…9

❷右の図

住んでいる町調べ

❸中町

❹2倍

**2** ❶50m

❷850m

**3** ❶68こ

❷ア…正しくない，イ…正しい，ウ…正しい

**4** ❶乗用車

❷バス，消ぼう車，パトカー

❸8台

❹26台

### 考え方

**1** ❶ 数えまちがえないように，カードにしるしをつけていくとよいでしょう。

❷ グラフの㋒は南町で6人，その他は西町の3人と北町の2人をあわせた5人です。

❸ 人数がいちばん多い町です。

❹ グラフより，8÷4＝2(倍)

さんこう グラフの㋑は東町，㋓は本町です。

**2** ❶ 500mを10こに分けているから50mです。

❷ 駅から神社までは1300m，駅から公園までは450mだから，ちがいは，

1300m－450m＝850m

**3** ❶ 10こを5つに分けているから，1めもりは2こです。7＋13＋18＋21＋9＝68(こ)

❷ ア…月曜日から木曜日まで，売れた数が毎日ふえていますが，金曜日にへっています。

イ…金曜日が9こ，水曜日が18こで，18÷9＝2より，金曜日に売れた数は，水曜日に売れた数の半分になっています。

ウ…木曜日が21こ，月曜日が7こだから，21÷7＝3より3倍で，21－7＝14より，ちがいは14こです。

**4** 次のじゅんに考えます。

・バイク…ぼうグラフより，3台。

・バス…ウより，3－1＝2(台)

・その他…バイクの数より少ないバス，消ぼう車，パトカーが入るから，2＋1＋1＝4(台)

・トラック…エより，4×2＝8(台)
→グラフの㋑

・乗用車…イより，8＋3＝11(台)
→グラフの㋐

❹ 11＋8＋3＋4＝26(台)

## 標準レベル＋　64～65ページ

れい題1 2，火，水，3，合計

ア…3，イ…4，ウ…24

**1** (上からじゅんに)24，9，30，88

れい題2 ①6，8，3　グラフは下の図

②5，3，3，1，青

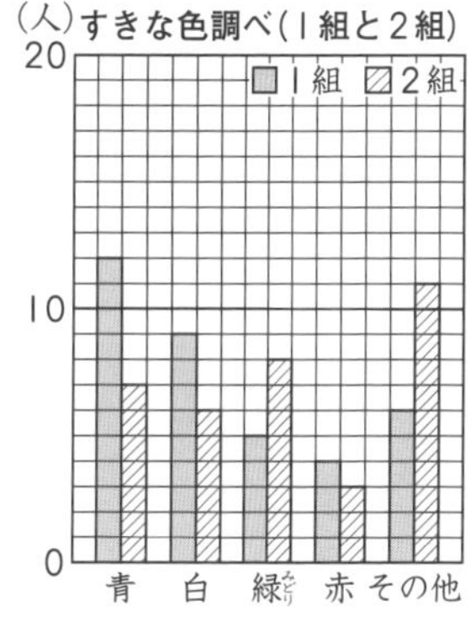


**2** ❶ 右の図

❷ 8人

すきな色調べ(1組と2組)

### 考え方

**1** いちご…いちごをえらんだ人数の合計だから，横にたしていきます。11＋5＋8＝24

みかん…3組でみかんをえらんだ人数だから，みかんの人数の合計から，7と6をひきます。22－7－6＝9

2組…2組の合計人数だから，たてにたしていきます。5＋6＋7＋12＝30

右下…3年生の人数の合計です。
たてにたすと，24＋22＋16＋26＝88
横にたすと，29＋30＋29＝88

**2** ❷ ❶でつくったグラフの目もりを読み取ります。1組と2組全体で，白が15人，赤が7人だから，白と赤のちがいは，15－7＝8(人)

さんこう 青は19人，緑は13人，その他は17人です。

## ハイレベル++ 66～67ページ

❶ ❶ かりた本調べ（3年生）　（さつ）

| しゅるい＼組 | 1組 | 2組 | 3組 | 合計 |
|---|---|---|---|---|
| 物語 | 14 | 16 | 10 | 40 |
| 図かん | 10 | ア 5 | 13 | 28 |
| でん記 | 6 | 7 | 3 | イ 16 |
| その他 | 4 | 7 | 8 | 19 |
| 合計 | 34 | 35 | 34 | 103 |

かりた本調べ（3年生）

（さつ）20, 10, 0

1組 2組 3組 物語　1組 2組 3組 図かん　1組 2組 3組 でん記　1組 2組 3組 その他

❷ア…2組の人がかりた図かんのさっ数

イ…3年生がかりたでん記のさっ数の合計

❸物語

❹図かん

❺(2)

❷ ア…18，イ…2，ウ…34，エ…水族館

❸ ❶ア

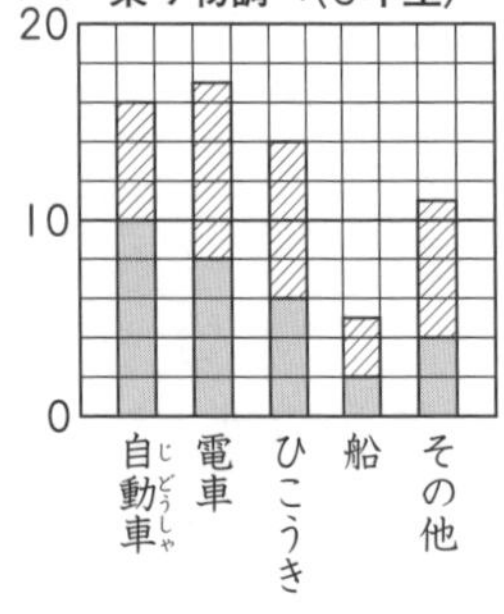


イ

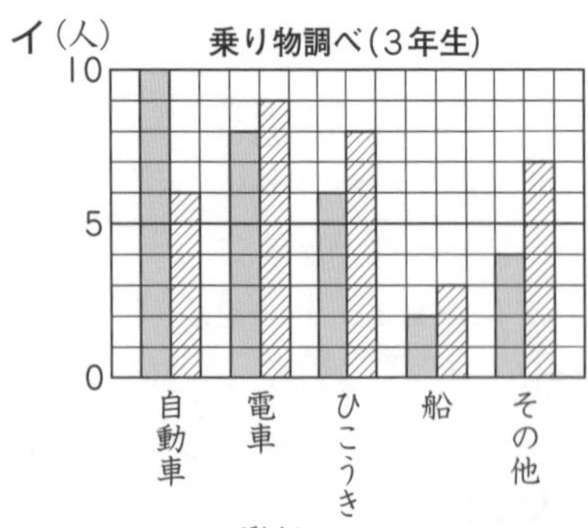


❷（れい）3年生全体で乗り物ごとのすきな人の多い少ないがわかりやすい。

### 考え方

❶ ❶ グラフは10さつを5つに分けているから，1めもりは2さつです。

❷ 表の左はしといちばん上のだんを見ます。
ア…左に図かん，上に2組とあります。
イ…左にでん記，上に合計とあります。

❸ その他はいくつかのしゅるいの合計だから，あてはまりません。

❹ 図かんの2組が5人，3組が13人で，13−5=8(人)より，ちがいがいちばん大きいです。

❺ それぞれの本のしゅるいの，組ごとのかりた数のちがいがわかりやすいです。

❷ 20人を10こに分けているから，1めもりは2人です。それぞれの場所をえらんだ人数は，次のようになります。

遊園地…南野小学校26人，北山小学校12人
動物園…南野小学校18人，北山小学校9人
水族館…南野小学校13人，北山小学校13人

イ…18÷9=2(倍)

ウ…12+9+13=34(人)

❸ アのグラフは10人を5つに分けているから，1めもりは2人です。それぞれの人数を表に整理すると，次のようになります。

乗り物調べ（3年生）　（人）

| しゅるい＼組 | 1組 | 2組 | 合計 |
|---|---|---|---|
| 自動車 | 10 | 6 | 16 |
| 電車 | 8 | 9 | 17 |
| ひこうき | 6 | 8 | 14 |
| 船 | 2 | 3 | 5 |
| その他 | 4 | 7 | 11 |
| 合計 | 30 | 33 | 63 |

## 思考力育成問題 68～69ページ

❶4，7，28

❷6，6，1，6，1，5，5

❸（れい）18÷2=9だから，間の数は9つです。
両はしには赤いはたが立っているので，白いはたの数は，間の数より1小さくなります。
9−1=8だから，白いはたの数は8本です。

**考え方**

❶ はたとはたの間の長さが4mで，間の数は，はたの数より1小さいから，8－1＝7
したがって，両はしのはたの間の長さは，
(間の長さ)×(間の数)より，4×7＝28

❷ 間の数は，
(間の数)＝(両はしのはたの間の長さ)÷(間の長さ)
より，18÷3＝6
白いはたの数は，間の数より1小さいから，
6－1＝5より5本。

**さんこう** 全部のはたの数は，間の数より1大きいから，6＋1＝7より7本。
7本のうち両はしの2本が赤だから，白いはたの数は，7－2＝5より5本。

❸ ❷のせつ明をさんこうにしましょう。
次の4つが書けていれば正かいとします。

(1) 18÷2＝9
(2) 間の数は9つ
(3) 9－1＝8
(4) 白いはたの数は8本

**ポイント** このような計算を植木算といいます。
① 1列に木を植える場合
・両はしに木があるとき，
(間の数)＝(木の本数)－1
・両はしに木がないとき，
(間の数)＝(木の本数)＋1
② 何かのまわりに木を植える場合
(間の数)＝(木の本数)

## 12章 倍の計算

70～71ページ

れい題1 ①12，36，36
②9，9，5，5
③4，28，4，7，7

**1** ❶式 32×4＝128 答え 128本
❷式 26÷2＝13 答え 13倍
❸式 48÷8＝6 答え 6まい

れい題2 ①3，6，6，24，24
②8，8，24，24

**2** ❶式 4×5＝20 答え 20まい
❷式 20×2＝40 答え 40まい

**3** ❶式 2×3＝6 答え 6つ
❷式 6×6＝36 答え 36こ

**考え方**

**1** ❶ もとにする大きさは32本です。この4倍の大きさをもとめるので，かけ算を使います。
❷ もとにする大きさは2さつです。□倍とすると，2×□＝26だから，
□＝26÷2＝13(倍)
❸ もとにする大きさを□とすると，
□×8＝48だから，□＝48÷8＝6(まい)

**2** ❶ もとにする大きさは4まいです。
❷ **べっかい** 長方形の数は，三角形の5×2＝10(倍)だから，4×10＝40(まい)

**3** ❶ もとにする大きさは2つです。
❷ **べっかい** 1箱に入っている数が，6×2＝12(こ)だから，全部の数は，12×3＝36(こ)

## ハイレベル++ 72～73ページ

❶ ❶式 2×7＝14 答え 14cm
❷式 3×8＝24 答え 24cm

❷ ❶式 6÷2＝3 答え 3倍
❷式 42÷2＝21 答え 21倍
❸式 42÷6＝7 答え 7倍

❸ ❶式 32÷8＝4 答え 4mm
❷式 32×2＝64 答え 6cm4mm

❹ ❶15，3 ❷3，15
❸今日，きのう ❹3，白

❺ 式 3×7×4＝84 答え 84問

❻ 式 9－3＝6　6×2＝12 答え 12才

❼ 式 3＋1＝4　24÷4＝6 答え 6こ

❽ 式 36÷9＝4　4×2＝8
36×3＝108　108－20＝88
88÷8＝11 答え 11倍

**考え方**

❶ ❶ もとにする大きさは2cmです。この7倍の大きさをもとめるので，かけ算を使います。

❷ もとにする大きさは3cmです。

**2** ❶ もとにする大きさは2本です。□倍とすると，2×□=6だから，□=6÷2=3(倍)

❷ もとにする大きさは2本です。□倍とすると，2×□=42だから，□=42÷2=21(倍)

❸ もとにする大きさは6本です。□倍とすると，6×□=42だから，□=42÷6=7(倍)

**3** 1cm=10mmだから，3cm2mm=32mm

❶ ノートのあつさを□mmとすると，□×8=32だから，□=32÷8=4(mm)

❷ 32×2=64(mm)だから，6cm4mmです。

**4** ❶ もとにする大きさが3こで，15こは3この何倍かをもとめる問題です。

❷ もとにする大きさがバケツに入る水のかさで，これをもとめる問題です。

❸ もとにする大きさが3ページで，15ページは3ページの何倍かをもとめる問題です。

❹ もとにする大きさが白のテープの長さで，これをもとめる問題です。

**5** 1週間で，3×7=21(問)，4週間で，21×4=84(問)

さんこう 4週間は7×4=28(日)だから，3問の28倍と考えることもできます。2けたの数をかけるかけ算は，17章で学習します。

**6** 弟の年れいは，9−3=6(才)
兄の年れいは，6×2=12(才)

**7** チョコレートの数のかん係を図に表すと次のようになり，食べた数の4倍が24こになることがわかります。

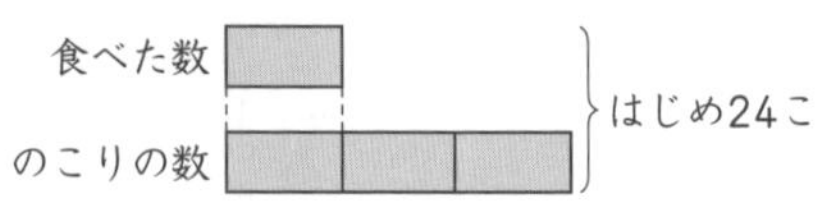


食べた数を□ことすると，□×4=24だから，□=24÷4=6(こ)

**8** 青の長さを□cmとすると，□×9=36だから，□=36÷9=4(cm)
赤の長さは青の長さの2倍だから，4×2=8(cm)
黄の長さの3倍は，36×3=108(cm)
緑の長さは，108−20=88(cm)
赤の△倍とすると，8×△=88だから，△=88÷8=11(倍)

## 13章 小数

### 標準レベル+ 74～75ページ

れい題1 7，0.1，7，0.7，7，0.7

**1** ❶1L8dL，1.8L ❷3cm4mm，3.4cm

**2** ❶0.3 ❷6.5 ❸7，4 ❹0.8 ❺4.9 ❻5，6

**3** ❶68 ❷7.9

れい題2 ㋐8，0.8，0.8 ㋑3，2.3

**4** ❶㋐0.2 ㋑1.5 ㋒2.7

❷ 0　1　2↓　3

れい題3 ①3，0.2<0.3
②一，2，3.1>2.9
③19，20，1.9<2

**5** ❶1.3<1.4 ❷6.2>5.8 ❸1>0.9 ❹7<7.1

#### 考え方

**1** ❶ 1Lますの1めもり分は0.1Lです。0.1Lの8こ分は0.8L。1Lと0.8Lをあわせたかさだから，1L8dLです。

❷ 1mmは，1cmを10等分した1こ分の長さだから，0.1cm。4mmは0.1cmの4こ分だから0.4cm。3cmと0.4cmをあわせた長さは3.4cmです。

**2** 1dL=0.1L，1mm=0.1cmです。

❶ 0.1Lの3こ分です。

❷ 5dL=0.5L 6Lと0.5Lをあわせて6.5L。

❸ 0.4L=4dL

❹ 0.1cmの8こ分です。

❺ 9mm=0.9cm 4cmと0.9cmをあわせて4.9cm。

❻ 0.6cm=6mm

**3** ❶ 6は1が6こだから0.1が60こ。0.8は0.1が8こ。6.8は0.1を68こ集めた数です。

❷ 0.1が70こで7，9こで0.9だから，あわせて7.9になります。

**4** 数直線の1めもりは0.1を表しています。

❶ ㋐ めもり2こ分だから，0.2。
㋑ 1と，0.1の5こ分だから，1.5。
㋒ 2と，0.1の7こ分だから，2.7。

❷ 2から1つ右のめもりが2.1です。

**5** ❶ 小数第一位の数字をくらべると，1.4のほうが大きい。

❹ 一の位の数字は7で同じ。小数第一位の数字は0と1だから，7.1のほうが大きい。

❶

| 一の位 | 小数第一位 |
|---|---|
| 1 | 3 |
| 1 | 4 |

❹

| 一の位 | 小数第一位 |
|---|---|
| 7 | 0 |
| 7 | 1 |

さんこう 小数第一位のことを，$\frac{1}{10}$の位ともいいます。

## ハイレベル++ 76～77ページ

**1** ❶1.4L ❷0.6L

**2** ❶5.2cm ❷0.8cm

**3** 整数…㋑，㋓ 小数…㋐，㋒，㋔

**4** ❶4 ❷2.8 ❸7，300
❹67 ❺5.9 ❻4，20

**5** ❶0.1 ❷30

**6** ❶㋐9.6 ㋑10.4 ㋒11.8

❷
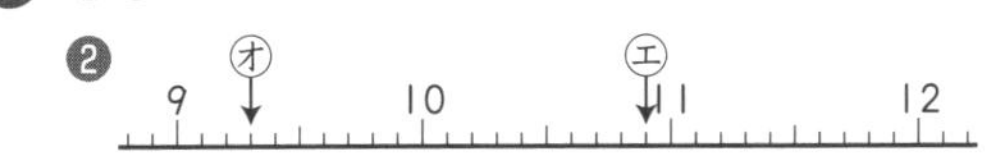


**7** ❶7.6>7.5 ❷5.9<6.1
❸0.7<1.1 ❹4>3.8
❺10>9.9 ❻0<0.2

**8** ❶6，6.6，6.8 ❷10，9，8.5

**9** ❶0.7 ❷3100 ❸940
❹1.8 ❺2.5 ❻6.3

**10** ❶378 ❷2.8 ❸2.2

**11** 12.6

**12** 0.8<1<7.8<8<8.2

### 考え方

**1** ❶ 0.1Lの14こ分だから，1.4L。
❷ あと6dLで2Lになります。6dL=0.6L

**2** ❶ 5cmとあと2めもり分だから，5.2cm。
❷ あと8mmで6cmになります。
8mm=0.8cm

**3** 0，1，2，3，…のような数を整数といいます。小数点がある数は，小数です。

**4** ❷ 1L=1000mLだから，100mLが0.1Lになります。800mL=0.8L
❸ 0.3L=300mL
❺ 1m=100cmだから，10cmが0.1mになります。90cm=0.9m
❻ 0.2m=20cm

**5** ❶ 8は0.1が80こ，0.5は0.1が5こです。
❷ 3は0.1を30こ集めた数です。

**6** 数直線のいちばん小さい1めもりは0.1です。
❷ ㋓ 10から9つ右のめもりが10.9です。
㋔ 9から3つ右のめもりが9.3です。

**7** 上の位からじゅんにくらべます。
❸ 一の位をくらべます。0.7は0.1の7こ分，1.1は0.1の11こ分と考えてもよいです。
❹ 一の位をくらべます。4は0.1の40こ分，3.8は0.1の38こ分と考えてもよいです。
❺ 十の位は1と0です。
❻ 小数第一位は0.2のほうが大きい。

❸

| 一の位 | 小数第一位 |
|---|---|
| 0 | 7 |
| 1 | 1 |

❹

| 一の位 | 小数第一位 |
|---|---|
| 4 | |
| 3 | 8 |

❺

| 十の位 | 一の位 | 小数第一位 |
|---|---|---|
| 1 | 0 | |
| 0 | 9 | 9 |

❻

| 一の位 | 小数第一位 |
|---|---|
| 0 | 0 |
| 0 | 2 |

**8** ❶ 数が，0.2ずつ大きくなっています。
❷ 数が，0.5ずつ小さくなっています。

**9** ❶ 100mL=0.1Lです。
❷ 3.1L=3L100mL=3100mL
❸ 9.4m=9m40cm=940cm
❹ 180cm=1m80cm=1.8m
❺ 1km=1000mから100mは0.1kmだから，500m=0.5kmです。
❻ 6300m=6km300m=6.3km

**10** ❶ 30は0.1を300こ，7は0.1を70こ，0.8は0.1を8こ集めた数です。
❷ 37は35より2大きい数で，37.8は37より0.8大きい数です。
❸ 38は40より2小さい数で，37.8は38より0.2小さい数だから，37.8=40−<u>2.2</u>

⓫ 下の数直線で，13より4つ左のめもりだから，12.6になります。

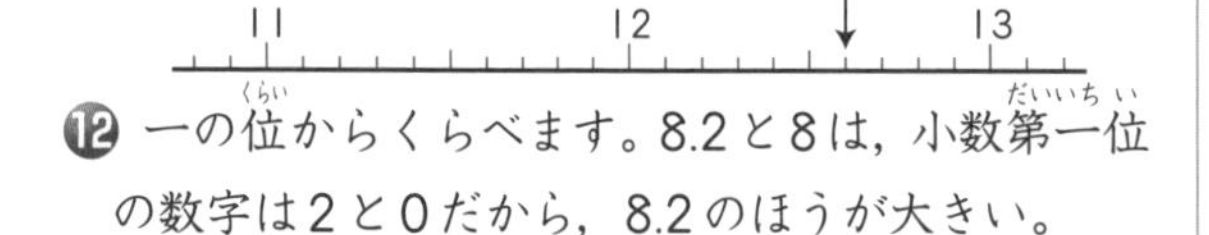


⓬ 一の位(くらい)からくらべます。8.2と8は，小数第一位(だいいちい)の数字は2と0だから，8.2のほうが大きい。

## 標準レベル＋　78〜79ページ

れい題1　①9，9，1，7，1，(小数点)，7，1.7
②6，1，6.1　③8，8

**1** ❶0.9　❷1　❸1　❹4.7
❺1.1　❻1.5　❼3.6　❽7
❾6.2　❿9.3　⓫5.9　⓬6.6
⓭9.4　⓮7　⓯15.5　⓰11.8
⓱10　⓲13.5

れい題2　①8，8，7，0，(小数点)，7，0.7
②2，8，2.8　③3，0.3

**2** ❶0.3　❷1.4　❸0.2　❹0.5
❺1.7　❻0.6　❼6.2　❽2.3
❾2.1　❿4　⓫3.9　⓬0.8
⓭6.8　⓮0.9　⓯7.6

### 考え方

**1** 0.1の何こ分かを考えると，整数(せいすう)と同じように計算できます。筆算(ひっさん)では，位をたてにそろえて書いて計算します。けた数がちがう数どうしの計算では，数字を書く場所(ばしょ)に気をつけましょう。

❶ 0.1の(3+6)こ分で，0.9。

❷ 0.1の(9+1)こ分だから，0.1の10こ分。0.1の10こ分は1になります。

❸ 0.1の(5+5)こ分で10こ分だから，1です。

※❶〜❸の筆算

❶ $\begin{array}{r}0.3\\+0.6\\\hline 0.9\end{array}$

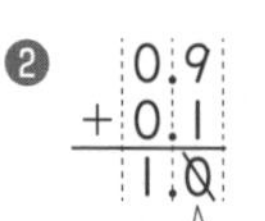
❷ $\begin{array}{r}0.9\\+0.1\\\hline 1.0\end{array}$

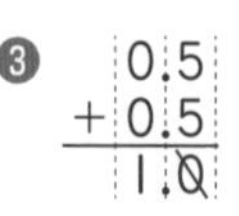
❸ $\begin{array}{r}0.5\\+0.5\\\hline 1.0\end{array}$

小数の位のさいごの0は消(け)す。

❹ 4は0.1の40こ分。0.1の(7+40)こ分で，4.7。

❺ 0.1の(6+5)こ分で，1.1。

❻ 0.1の(8+7)こ分で，1.5。

※❹〜❻の筆算

❹ $\begin{array}{r}0.7\\+4.0\\\hline 4.7\end{array}$　4は4.0と考える。

❺ $\begin{array}{r}0.6\\+0.5\\\hline 1.1\end{array}$

❻ $\begin{array}{r}0.8\\+0.7\\\hline 1.5\end{array}$

❼〜⓲も，0.1の何こ分になるかを考えて計算することもできます。筆算では，答えの小数点をわすれないようにしましょう。

❼ $\begin{array}{r}3.2\\+0.4\\\hline 3.6\end{array}$　❽ $\begin{array}{r}6.8\\+0.2\\\hline 7.0\end{array}$　❾ $\begin{array}{r}5.9\\+0.3\\\hline 6.2\end{array}$

❿ $\begin{array}{r}8.7\\+0.6\\\hline 9.3\end{array}$　⓫ $\begin{array}{r}2.1\\+3.8\\\hline 5.9\end{array}$　⓬ $\begin{array}{r}4.6\\+2.0\\\hline 6.6\end{array}$

⓭ $\begin{array}{r}3.5\\+5.9\\\hline 9.4\end{array}$　⓮ $\begin{array}{r}5.4\\+1.6\\\hline 7.0\end{array}$　⓯ $\begin{array}{r}8.2\\+7.3\\\hline 15.5\end{array}$

⓰ $\begin{array}{r}2.8\\+9.0\\\hline 11.8\end{array}$　⓱ $\begin{array}{r}4.3\\+5.7\\\hline 10.0\end{array}$　⓲ $\begin{array}{r}9.6\\+3.9\\\hline 13.5\end{array}$

十の位にくり上がる。　一の位，十の位にくり上がる。

**2** たし算のときと同じように考えて計算します。

❶ 0.1の(8−5)こ分で，0.3。

❷ 1.7は0.1の17こ分。0.3は0.1の3こ分。0.1の(17−3)こ分で，1.4。

❸ 3.2は0.1の32こ分。3は0.1の30こ分。0.1の(32−30)こ分で，0.2。

※❶〜❸の筆算

❶ $\begin{array}{r}0.8\\-0.5\\\hline 0.3\end{array}$　❷ $\begin{array}{r}1.7\\-0.3\\\hline 1.4\end{array}$　❸ $\begin{array}{r}3.2\\-3.0\\\hline 0.2\end{array}$　3は3.0と考える。

一の位に0を書く。

❹ 0.1の(14−9)こ分で，0.5。

❺ 0.1の(22−5)こ分で，1.7。

❻ 0.1の(10−4)こ分で，0.6。

※❹〜❻の筆算

❹ $\begin{array}{r}1.4\\-0.9\\\hline 0.5\end{array}$　❺ $\begin{array}{r}2.2\\-0.5\\\hline 1.7\end{array}$　❻ $\begin{array}{r}1.0\\-0.4\\\hline 0.6\end{array}$　1は1.0と考える。

❼〜⓯も，0.1の何こ分になるかを考えて計算することもできます。

❼ $\begin{array}{r}7.0\\-0.8\\\hline 6.2\end{array}$　❽ $\begin{array}{r}4.6\\-2.3\\\hline 2.3\end{array}$　❾ $\begin{array}{r}6.1\\-4.0\\\hline 2.1\end{array}$

⑩ $\begin{array}{r} 7.9 \\ -3.9 \\ \hline 4.0 \end{array}$ ⑪ $\begin{array}{r} 5.4 \\ -1.5 \\ \hline 3.9 \end{array}$ ⑫ $\begin{array}{r} 8.4 \\ -7.6 \\ \hline 0.8 \end{array}$

小数の位のさいごの0は消す。

⑬ $\begin{array}{r} 9.0 \\ -2.2 \\ \hline 6.8 \end{array}$ ⑭ $\begin{array}{r} 6.0 \\ -5.1 \\ \hline 0.9 \end{array}$ ⑮ $\begin{array}{r} 12.5 \\ -\ \ 4.9 \\ \hline 7.6 \end{array}$

くり下がりに注意(ちゅうい)！

## ハイレベル++ 80〜81ページ

**1** ❶1 ❷1.5 ❸6 ❹5.3 ❺10.3 ❻8.1 ❼5.5 ❽7 ❾10 ❿17.7

**2** ❶0.9 ❷2.6 ❸0.2 ❹7.7 ❺3.4 ❻0.6 ❼1.5 ❽0.1 ❾4.6 ❿7.9

**3** ❶＞ ❷＝

**4** ❶式(しき) 1.7＋3.9＝5.6 答え 5.6m

❷式 8−5.6＝2.4 答え 2.4m

**5** ㋐4.1 ㋑2.7 ㋒3.5 ㋓3.3 ㋔1.9

**6** ❶式 33.6−2.8＝30.8 答え 30.8kg

❷式 33.6＋28.4＝62 答え 62kg

**7** 式 15.3＋15.3＋15.3−0.7−0.7＝44.5

答え 44.5cm

### 考え方

**1** ❶ 0.1の(2＋8)こ分で10こ分だから，1です。

❷ 0.1の(9＋6)こ分で，1.5。

※❶，❷の筆算

❶ $\begin{array}{r} 0.2 \\ +0.8 \\ \hline 1.0 \end{array}$ ❷ $\begin{array}{r} 0.9 \\ +0.6 \\ \hline 1.5 \end{array}$

❸〜❿ 筆算では，位をたてにそろえて書きます。

❸ $\begin{array}{r} 5.3 \\ +0.7 \\ \hline 6.0 \end{array}$ ❹ $\begin{array}{r} 4.8 \\ +0.5 \\ \hline 5.3 \end{array}$ ❺ $\begin{array}{r} 9.4 \\ +0.9 \\ \hline 10.3 \end{array}$

十の位にくり上がる。

❻ $\begin{array}{r} 2.3 \\ +5.8 \\ \hline 8.1 \end{array}$ ❼ $\begin{array}{r} 3.8 \\ +1.7 \\ \hline 5.5 \end{array}$ ❽ $\begin{array}{r} 4.6 \\ +2.4 \\ \hline 7.0 \end{array}$

❾ $\begin{array}{r} 6.5 \\ +3.5 \\ \hline 10.0 \end{array}$ ❿ $\begin{array}{r} 9.8 \\ +7.9 \\ \hline 17.7 \end{array}$

**2** ❶ 0.1の(16−7)こ分だから，0.9です。

❷ 0.1の(31−5)こ分で，2.6。

❸ 0.1の(10−8)こ分で，0.2。

❹ 0.1の(80−3)こ分で，7.7。

※❶〜❹の筆算

❶ $\begin{array}{r} 1.6 \\ -0.7 \\ \hline 0.9 \end{array}$ ❷ $\begin{array}{r} 3.1 \\ -0.5 \\ \hline 2.6 \end{array}$

❸ $\begin{array}{r} 1 \\ -0.8 \\ \hline 0.2 \end{array}$ ❹ $\begin{array}{r} 8 \\ -0.3 \\ \hline 7.7 \end{array}$

❺〜❿ 筆算では，位をたてにそろえて書きます。

❺ $\begin{array}{r} 5.3 \\ -1.9 \\ \hline 3.4 \end{array}$ ❻ $\begin{array}{r} 9.4 \\ -8.8 \\ \hline 0.6 \end{array}$ ❼ $\begin{array}{r} 6 \\ -4.5 \\ \hline 1.5 \end{array}$

❽ $\begin{array}{r} 7 \\ -6.9 \\ \hline 0.1 \end{array}$ ❾ $\begin{array}{r} 12 \\ -\ \ 7.4 \\ \hline 4.6 \end{array}$ ❿ $\begin{array}{r} 10.7 \\ -\ \ 2.8 \\ \hline 7.9 \end{array}$

くり下がりに注意！

**3** ❶ 2.1−0.7＝1.4 0.8＋0.5＝1.3

1.4 ＞ 1.3

❷ 2.6＋0.8＝3.4 4−0.6＝3.4

3.4 ＝ 3.4

**4** ❶ 全部(ぜんぶ)の使(つか)った長さ

＝ きのう使った長さ ＋ 今日使った長さ

❷ のこった長さ

＝ もとの長さ − 全部の使った長さ

**5** 3つの数をたした数は，2.2＋3＋3.8＝9

㋑…9−2.5−3.8＝2.7

㋐…9−2.2−2.7＝4.1

㋒…9−3−2.5＝3.5

㋓…9−2.2−3.5＝3.3

㋔…9−4.1−3＝1.9

右の図のようになります。

| 2.2 | 4.1 | 2.7 |
|---|---|---|
| 3.5 | 3 | 2.5 |
| 3.3 | 1.9 | 3.8 |

**6** ❶

ももか 33.6kg
かいと 2.8kg

上の図から，

かいとの体重(たいじゅう) ＝ ももかの体重 − 2.8kg です。

❷

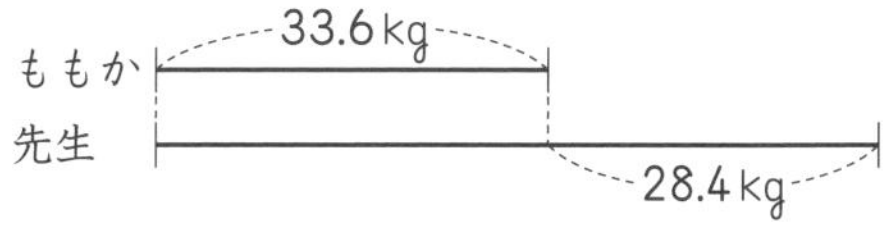

ももか 33.6kg
先生 28.4kg

上の図から，

先生の体重＝ももかの体重＋28.4kgです。

❼ 7mm＝0.7cmです。
紙をならべたようすを図に表すと，

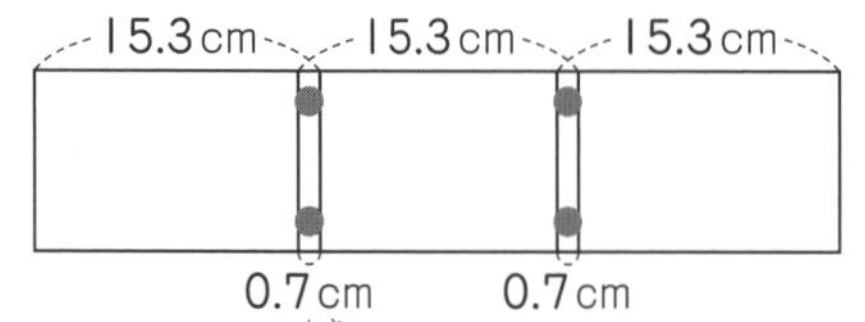


上の図から，紙の重なりは2つあるから，
全体の横の長さ
＝紙のはば＋紙のはば＋紙のはば
－重なりの長さ－重なりの長さ
でもとめられます。

（さんこう）2まい目と3まい目から重なっている部分の長さをひくと，15.3－0.7＝14.6(cm)
だから，15.3＋14.6＋14.6＝44.5(cm)

## 14章 重さ

### 標準レベル＋ 82～83ページ

れい題1 ①1000，1000
②50，5，5
③50，250，250

1 ❶2kg ❷10g ❸1kg400g

2 ❶635g
❷

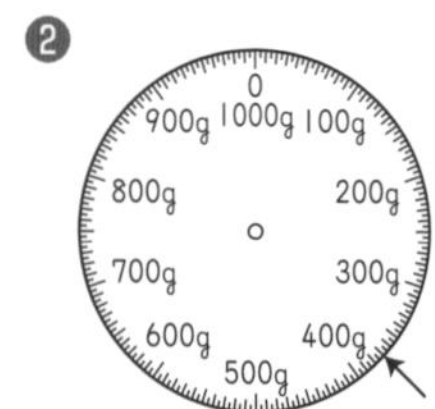


3 ❶700g
❷

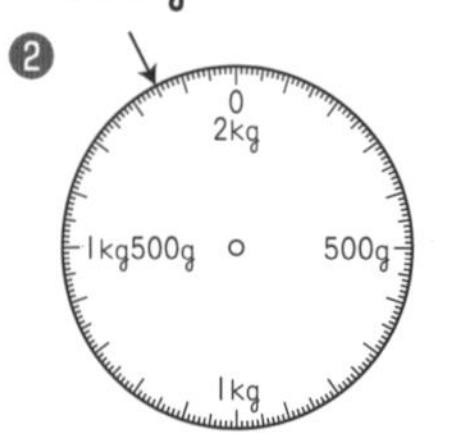


れい題2 ①1000，1020，1020
②1100，1，100，1，100

4 ❶2100 ❷4030
❸6，500 ❹8，70

5 ❶900g ❷1kg300g(1300g)
❸2kg(2000g) ❹400g
❺600g ❻300g

れい題3 ①2，300
②ア…1000，イ…1000，ウ…1000

6 ❶2t ❷3000kg
❸4t500kg ❹1060kg

7 ❶ア…1000，イ…10
❷ア…1000，イ…1000，ウ…100，エ…10

#### 考え方

1 ❶ めもりの0の下に書いてある2kgまではかることができます。
❷ いちばん小さい1めもりは，100gを10こに分けた1こ分で，10gを表しています。
❸ いちばん大きい1めもりは100gを表しています。1kg500gより100g少ないから，1kg400gです。

2 いちばん小さい1めもりは5gです。

3 いちばん大きい1めもりは100g，いちばん小さい1めもりは10gです。

4 1kg＝1000gから考えます。
❶ 2kg100g＝2000g＋100g＝2100g
❷ 4kg30g＝4000g＋30g＝4030g
❸ 6500g＝6000g＋500g＝6kg500g
❹ 8070g＝8000g＋70g＝8kg70g

5 ❶ 400g＋500g＝900g
❷ 600g＋700g＝1300g＝1kg300g
❸ 1kg200g＋800g＝1200g＋800g
＝2000g＝2kg
❹ 700g－300g＝400g
❺ 1kg－400g＝1000g－400g＝600g
❻ 1kg200g－900g＝1200g－900g＝300g

6 1t＝1000kgから考えます。
❶ 1000kgの2倍だから，2tです。
❷ 1tの3倍だから，3000kgです。
❸ 4500kg＝4000kg＋500kg＝4t500kg
❹ 1t60kg＝1000kg＋60kg＝1060kg

7 ❶ 1L＝10dL＝1000mL，1dL＝100mL
❷ 1km＝1000m＝100000cm
＝1000000mm

### ハイレベル＋＋ 84～85ページ

❶ ❶kg ❷g ❸t ❹kg

❷ ❶865g ❷1kg620g

**3** ❶

❷ 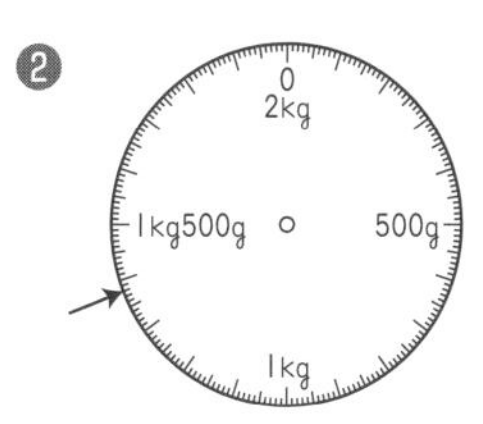


**4** ❶4700　❷3，800
❸2090　❹5，60

**5** じゅんばん…㋑→㋐→㋓→㋒
いちばん近いもの…㋓

**6** ❶1kg(1000g)　❷2kg20g(2020g)
❸1kg230g(1230g)
❹1kg570g(1570g)

**7** ❶7，650　❷4080

**8** 3kg900g，3900g

**9** ❶30g　❷18g

**10** 7g

**考え方**

**1** 軽(かる)いものをはかるときにはg，重(おも)いものをはかるときにはkgやtというたんいを使います。

**2** ❶ いちばん小さい1めもりは5gです。
❷ いちばん大きい1めもりは100g，いちばん小さい1めもりは10gです。

**3** 1めもりの表す重さに気をつけましょう。

**4** 1kg＝1000gから考えます。
❶ 4kg700g＝4000g＋700g＝4700g
❷ 3800g＝3000g＋800g＝3kg800g
❸ 2kg90g＝2000g＋90g＝2090g
❹ 5060g＝5000g＋60g＝5kg60g

**5** ㋐3025g，㋒2099gです。
3000g－2980g＝20gより，3kgにいちばん近いのは㋓です。

**6** ❶ 160g＋840g＝1000g＝1kg
❷ 1kg70g＋950g＝1070g＋950g
＝2020g＝2kg20g
❸ 2kg－770g＝2000g－770g＝1230g
＝1kg230g
❹ 3kg20g－1kg450g＝3020g－1450g
＝1570g＝1kg570g

**7** ❶ 7650kg＝7000kg＋650kg＝7t650kg
❷ 4t80kg＝4000kg＋80kg＝4080kg

**8** 31kg200g－27kg300g
＝30kg1200g－27kg300g＝3kg900g
＝3900gと計算しましょう。

**9** ❶ 消(け)しゴムとえん筆(ぴつ)けずりを3こずつあわせた重さが48g＋42g＝90gだから，1こずつあわせた重さは，90÷3＝30より，30gです。
❷ 48g－30g＝18g
（さんこう） えん筆けずり1この重さは12g。

**10** えん筆2本とマジック1本とボールペン1本をあわせた重さが25g＋17gの答えで，マジックとボールペンを1本ずつあわせた重さが28gです。だから，えん筆2本の重さが，
25g＋17g－28g＝14gなので，えん筆1本の重さは，14÷2＝7より，7gです。

## 15章 分数

### 標準レベル＋　86～87ページ

れい題1　3，わり，22，3，23，22，23

**1** ❶22　❷48

れい題2　5，4，$\frac{4}{5}$，五，四，$\frac{4}{5}$，4

**2** $\frac{5}{8}$m，5こ分

**3** 1m

**4** ❶ $\frac{5}{6}$L　❷ $\frac{4}{7}$m

れい題3　①8，$\frac{4}{6}$，$\frac{8}{6}$　②7，$\frac{7}{6}>\frac{5}{6}$
③1，$\frac{6}{6}$，1

**5** ❶ $\frac{4}{5}>\frac{3}{5}$　❷ $1<\frac{7}{6}$

れい題4　0.1，$\frac{1}{10}$，4，$\frac{3}{10}$，0.4，<

**6** 分数…$\frac{8}{10}$，小数…0.7，>

**考え方**

**1** ❶ 88÷4＝22
❷ □÷4＝12だから，□＝12×4＝48

**2** 1mを8等分(とうぶん)した5こ分の長さだから，$\frac{5}{8}$mで，$\frac{1}{8}$mの5こ分です。

**3** 1mを4等分しているから，めもり2こ分に色をぬります。

**4** ❶ 1Lを6等分した5こ分のかさだから，$\frac{5}{6}$L

❷ 1mを7等分した4こ分の長さだから，$\frac{4}{7}$m

**5** ❶ 分母が同じ分数では，分子が大きいほど分数は大きくなります。

❷ 1は$\frac{6}{6}$と同じ大きさです。

**6** 0.8は0.1$\left(=\frac{1}{10}\right)$の8こ分，$\frac{7}{10}$は$\frac{1}{10}$(=0.1)の7こ分です。

## ハイレベル++ 88〜89ページ

**1** ❶21 ❷100 ❸$\frac{1}{7}$

❹$\frac{1}{11}$ ❺8，16

**2** ❶$\frac{2}{4}$ ❷$\frac{3}{8}$ ❸$\frac{9}{12}$

**3** ❶$\frac{5}{6}$km ❷$\frac{8}{7}$L

**4** ❶$\frac{9}{10}$ ❷0.8 ❸$\frac{12}{10}$ ❹1.5

**5** ❶$\frac{4}{6}<\frac{5}{6}$ ❷$\frac{8}{7}>\frac{6}{7}$ ❸$\frac{9}{8}>1$

❹$2=\frac{18}{9}$ ❺$0.7<\frac{8}{10}$ ❻$0.5=\frac{5}{10}$

❼$0<\frac{1}{10}$ ❽$\frac{13}{10}>0.3$ ❾$\frac{9}{10}<\frac{10}{9}$

**6** $\frac{9}{5}$

**7** ❶$\frac{7}{4}$ ❷$1\left(\frac{9}{9}\right)$

**8** ❶$\frac{3}{7}$ ❷$\frac{6}{3}$，$\frac{6}{6}$

**9** $0\rightarrow\frac{15}{16}\rightarrow\frac{12}{12}\rightarrow1.1\rightarrow\frac{19}{10}\rightarrow\frac{14}{7}$

**10**

ア ソ イ
ウ エ
オ カ
キ タ ク
ケ コ
サ シ
ス セ

### 考え方

**1** ❶ 84÷4=21

❷ □÷4=25だから，□=25×4=100

❸ 28÷4=7だから，4cmは28cmを7等分した1こ分です。

❹ 1Lを11等分した1こ分が$\frac{1}{11}$Lで，その6こ分が$\frac{6}{11}$Lです。

❺ $\frac{1}{8}$の8こ分が$\frac{8}{8}$で1と同じ大きさ，16こ分が$\frac{16}{8}$で2と同じ大きさです。

**2** ❶ 1を4等分した2こ分の大きさです。

❷ 1を8等分した3こ分の大きさです。

❸ 1を12等分した9こ分の大きさです。

**3** ❶ 1kmを6等分した1こ分が$\frac{1}{6}$kmです。

❷ 1Lを7等分した1こ分が$\frac{1}{7}$Lです。

**4** 0.1と$\frac{1}{10}$が同じ大きさです。

**5** 分母が同じ分数では，分子が大きいほど分数は大きいです。また，$0.1=\frac{1}{10}$です。

❹ $1=\frac{9}{9}$だから，$2=\frac{18}{9}$です。

❾ $\frac{10}{10}=1$だから，$\frac{9}{10}$は1より小さいです。

$\frac{9}{9}=1$だから，$\frac{10}{9}$は1より大きいです。

**6** ㋐から㋑まで3めもりあり，3めもりが$\frac{3}{5}$だから，1めもりは$\frac{1}{5}$です。

**7** ❶ 1mを4等分した7こ分の長さです。

❷ 5こ分が$\frac{5}{9}$mだから，1こ分は$\frac{1}{9}$mです。

❽ ❶ 分母にいちばん大きい数，分子にいちばん小さい数を書きます。

❷ 整数(せいすう)で表(あらわ)すことができる分数は，分子が分母でわりきれます。6÷3＝2より$\frac{6}{3}$，6÷6＝1より$\frac{6}{6}$です。

❾ $\frac{12}{12}=1$，$\frac{14}{7}=2$，$\frac{19}{10}=1.9$です。また，$\frac{16}{16}=1$だから，$\frac{15}{16}$は1より小さいです。

❿ キの点を中心にして，直線キクの長さを半径(はんけい)とする円をとちゅうまでかき，直線スセと交わった点をチとします。キとチをむすぶと，直線キチは直線ケコ，直線サシと交わる点で，$\frac{1}{3}$ずつ区切(くぎ)られます。$\frac{1}{3}$の長さをコンパスでうつしとって，直線キクを3等分した点がタです。

## 標準レベル＋　90～91ページ

れい題1　①8，8，$\frac{8}{9}$，$\frac{8}{9}$

②3，13，13，1，1，1

**1** ❶ $\frac{2}{3}$　❷ $\frac{5}{6}$　❸ $\frac{3}{5}$

❹ $\frac{9}{11}$　❺ $\frac{8}{8}$(1)　❻ $\frac{12}{12}$(1)

**2** 式(しき) $\frac{1}{8}+\frac{2}{8}=\frac{3}{8}$　答え $\frac{3}{8}$時間

**3** $\frac{9}{10}$

れい題2　①4，4，$\frac{4}{8}$，$\frac{4}{8}$

②7，7，3，3，$\frac{3}{10}$，$\frac{3}{10}$

**4** ❶ $\frac{4}{6}$　❷ $\frac{2}{9}$　❸ $\frac{6}{11}$

❹ 0　❺ $\frac{5}{7}$　❻ $\frac{5}{14}$

**5** 式 $\frac{12}{13}-\frac{5}{13}=\frac{7}{13}$　答え $\frac{7}{13}$kg

**6** $\frac{2}{10}$

### 考え方

**1** 分母をそのままにして，分子だけをたします。

❶ 1＋1＝2より，$\frac{1}{3}+\frac{1}{3}=\frac{2}{3}$

**2** 2つの時間をあわせるから，たし算です。

**3** $0.5=\frac{5}{10}$だから，$\frac{4}{10}+\frac{5}{10}=\frac{9}{10}$

**4** 分母をそのままにして，分子だけをひきます。

❶ 5－1＝4より，$\frac{5}{6}-\frac{1}{6}=\frac{4}{6}$

❺ $1=\frac{7}{7}$だから，7－2＝5より，$\frac{7}{7}-\frac{2}{7}=\frac{5}{7}$

❻ $1=\frac{14}{14}$です。

**5** はじめの重(おも)さからのこりの重さをひきます。

**6** $0.8=\frac{8}{10}$だから，$\frac{8}{10}-\frac{6}{10}=\frac{2}{10}$

## ハイレベル＋＋　92～93ページ

**1** ❶ $\frac{3}{4}$　❷ $\frac{10}{10}$(1)　❸ $\frac{6}{8}$

❹ $\frac{11}{14}$　❺ $\frac{19}{20}$　❻ $\frac{6}{6}$(1)

**2** ❶ $\frac{2}{7}$　❷ $\frac{2}{5}$　❸ $\frac{9}{14}$

❹ $\frac{4}{17}$　❺ $\frac{5}{13}$　❻ $\frac{7}{15}$

**3** ❶ <　❷ ＝　❸ >

❹ <　❺ <　❻ >

**4** ❶ 式 $\frac{1}{5}+\frac{1}{5}=\frac{2}{5}$　答え $\frac{2}{5}$L

❷ 式 $1-\frac{2}{5}=\frac{3}{5}$　答え $\frac{3}{5}$L

**5** 式 $\frac{4}{13}+\frac{7}{13}=\frac{11}{13}$　答え $\frac{11}{13}$

**6** ❶ 式 $0.4=\frac{4}{10}$　$\frac{3}{10}+\frac{4}{10}=\frac{7}{10}$

答え $\frac{7}{10}$m

❷ 式 $\frac{3}{10}+\frac{7}{10}=\frac{10}{10}=1$ $1-\frac{1}{6}=\frac{5}{6}$

答え $\frac{5}{6}$ m

❼ 式 $\frac{8}{19}+\frac{2}{19}=\frac{10}{19}$ $\frac{8}{19}-\frac{3}{19}=\frac{5}{19}$

$\frac{10}{19}+\frac{5}{19}=\frac{15}{19}$ 答え $\frac{15}{19}$ km

❽ 式 $\frac{1}{9}+\frac{3}{9}=\frac{4}{9}$ $\frac{4}{9}+\frac{1}{9}=\frac{5}{9}$ 答え $\frac{5}{9}$ kg

❾ $\frac{4}{17}$

## 考え方

❶ 分母をそのままにして，分子だけをたします。

❷ 分母をそのままにして，分子だけをひきます。

❸ $1=\frac{14}{14}$ だから，$\frac{14}{14}-\frac{5}{14}=\frac{9}{14}$

❸ ❶ 分母が同じ分数では，分子が大きいほど分数は大きいです。

❷～❹ 分母がちがう分数では，1と大きさをくらべます。

❷ $\frac{8}{11}+\frac{3}{11}=\frac{11}{11}=1$，$\frac{5}{12}+\frac{7}{12}=\frac{12}{12}=1$

❸ $\frac{3}{2}$ は1より大きいです。また，$1-\frac{3}{8}=\frac{8}{8}-\frac{3}{8}=\frac{5}{8}$ だから，1より小さいです。

❹ $\frac{4}{12}+\frac{6}{12}=\frac{10}{12}$ だから，1より小さいです。

❺ $\frac{7}{10}-0.6=\frac{7}{10}-\frac{6}{10}=\frac{1}{10}$，$\frac{7}{9}-\frac{6}{9}=\frac{1}{9}$

❻ $\frac{9}{10}=0.9$ だから，$\frac{1}{2}$ と $\frac{1}{4}$ の大きさをくらべます。

❹ ❶ 2人が飲んだ分をたします。

❷ 1Lから，2人が飲んだ分をひきます。

❺ ある数を□とすると，$□-\frac{7}{13}=\frac{4}{13}$

$□=\frac{4}{13}+\frac{7}{13}=\frac{11}{13}$

❻ ❶ $\frac{3}{10}+0.4=\frac{3}{10}+\frac{4}{10}=\frac{7}{10}$ より，$\frac{7}{10}$ m

❷ 緑とピンクをあわせた長さが，

$\frac{3}{10}+\frac{7}{10}=\frac{10}{10}=1$ より，1mだから，黄色の長さは，$1-\frac{1}{6}=\frac{6}{6}-\frac{1}{6}=\frac{5}{6}$ より，$\frac{5}{6}$ m

❼ 駅から公園まで…$\frac{8}{19}+\frac{2}{19}=\frac{10}{19}$ (km)，公園から市役所まで…$\frac{8}{19}-\frac{3}{19}=\frac{5}{19}$ (km) だから，

駅から市役所までは，$\frac{10}{19}+\frac{5}{19}=\frac{15}{19}$ (km)

さんこう

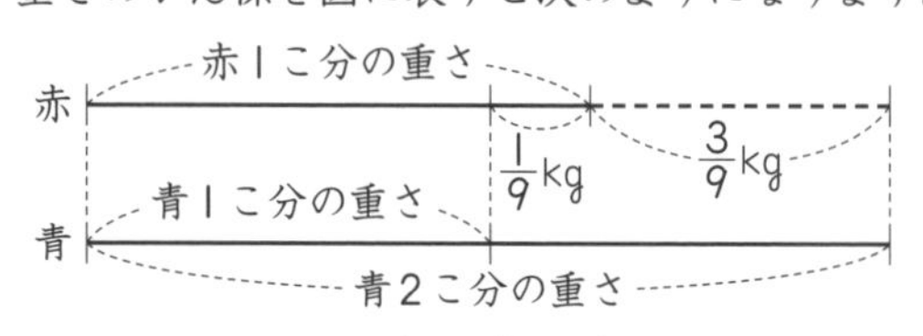


❽ 重さのかん係を図に表すと次のようになります。



青1こ分の重さが，$\frac{1}{9}+\frac{3}{9}=\frac{4}{9}$ (kg) より，赤1こ分の重さは，$\frac{4}{9}+\frac{1}{9}=\frac{5}{9}$ (kg)

❾ $\frac{11}{17}$ の右横にあてはまる数を□として，ななめにならぶ3つの数をたした答えと，横にならぶ3つの数をたした答えが等しいことから考えます。

$\frac{8}{17}+\frac{7}{17}=\frac{15}{17}$ より，㋐$+\frac{11}{17}=\frac{15}{17}$ なので，

㋐$=\frac{15}{17}-\frac{11}{17}=\frac{4}{17}$

さんこう 右上にあてはまる数を△として，上と同じように考えると $\frac{3}{17}$ がもとめられ，右の図のようになります。

| | | |
|---|---|---|
| $\frac{8}{17}$ | $\frac{3}{17}$ | $\frac{10}{17}$ |
| $\frac{9}{17}$ | $\frac{7}{17}$ | $\frac{5}{17}$ |
| $\frac{4}{17}$ | $\frac{11}{17}$ | $\frac{6}{17}$ |

## 思考力育成問題　94～95ページ

❶①2　②3　③1
④4　⑤6

❷

| はかる重さ / おもり | 1g | | | 2g | | |
|---|---|---|---|---|---|---|
| 1g | ○ | △ | × | × | △ | ○ |
| 2g | × | ○ | △ | ○ | × | △ |
| 3g | × | × | ○ | × | ○ | ○ |

| 3g | | 4g | | 5g | 6g |
|---|---|---|---|---|---|
| × | ○ | ○ | △ | × | ○ |
| × | ○ | × | ○ | ○ | ○ |
| ○ | × | ○ | ○ | ○ | ○ |

### 考え方

❶②～④　はかるものの重さは，左のさらにのせたおもりの重さから，右のさらにのせたおもりの重さをひいてもとめます。

⑤　すべてのおもりの重さをたします。
1g+2g+3g=6g

❷　1gから6gまでの1gごとの重さだから，1g，2g，3g，4g，5g，6gの重さをはかることができます。
また，左のさらにのせるおもりが○，右のさらにのせるおもりが△，使わないおもりが×なので，○の重さを全部たしたり，○の重さから△の重さをひいたりして考えます。
表のあいているところのおもりの組み合わせ方を(1gのおもり，2gのおもり，3gのおもり)として整理すると，次のようになります。

1g=3g−2gより，　(×，△，○)
2g=3g−1gより，　(△，×，○)
2g=1g+3g−2gより，(○，△，○)
3g=1g+2gより，　(○，○，×)
4g=2g+3g−1gより，(△，○，○)
5g=2g+3gより，　(×，○，○)
6g=1g+2g+3gより，(○，○，○)

**ポイント**　てんびんについて
はかるものは，ふつう，左のさらにのせますが，このじっけんでは，右のさらにのせています。おもりは，左のさらと右のさらのどちらにものせることができます。

# 16章　三角形と角

## 標準レベル＋　96～97ページ

れい題1　2，辺，コンパス，辺，答え…㋓，㋔

**1**　㋑，㋕

れい題2　4，6，6，ウ，④

**2**　❶

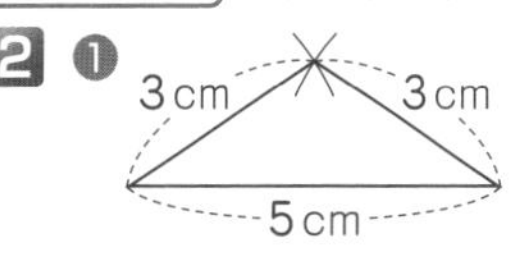


❷

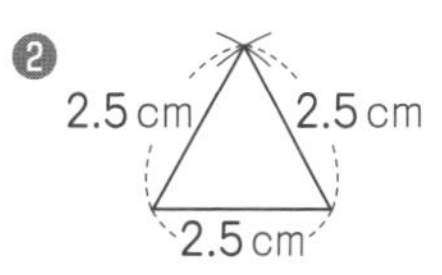


れい題3　①＝　②大き，>
③等しい，＝　④小さ，<

**3**　(う)→(あ)→(え)→(い)

**4**　❶二等辺三角形　❷正三角形

**5**　❶(い)，(う)　❷(え)，(お)，(か)

### 考え方

**1**　3つの辺の長さが等しい三角形をさがします。

**2**　ものさしとコンパスを使ってかきます。

**3**　三角じょうぎを重ねてくらべます。

**4**　二等辺三角形でない三角じょうぎのいちばん長い辺の長さは，いちばん短い辺の長さの2倍です。

**5**　二等辺三角形は2つの角の大きさが等しく，正三角形は3つの角の大きさが等しいです。

## ハイレベル＋＋　98～99ページ

❶

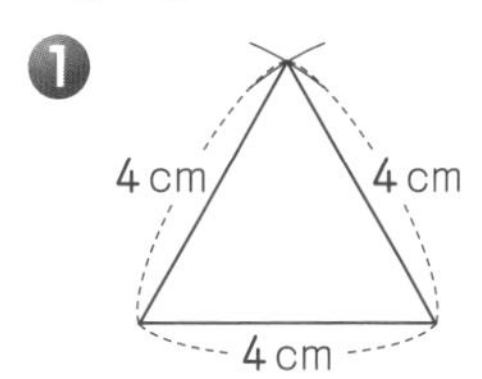


❷　記号…㋑

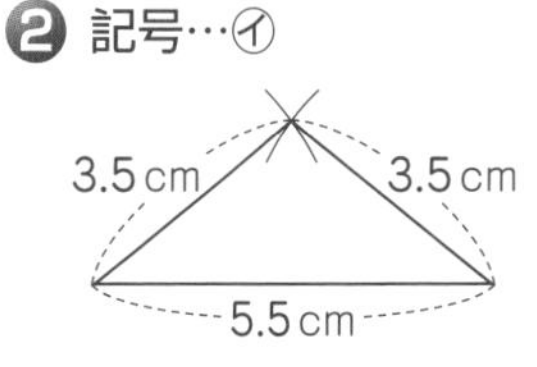


❸　5cm

❹　❶アイ…9cm，エオ…9cm
❷(い)…(う)，(か)…(え)，(お)

❺　❶(あ)，(け)，(こ)　❷24cm

❻　❶11　❷2　❸5

❼　❶4，4　❷3，8　❸5，7

### 考え方

❶　ものさしとコンパスを使ってかきます。

❷　短いほうの2つの辺をあわせた長さが，いちばん長い辺よりも長いときに三角形ができます。

㋐ 4＝2＋2より，三角形はできません。

㋑ 5.5＜3.5＋3.5より，三角形ができます。

㋒ 6＞2.5＋2.5より，三角形はできません。

❸ アイの長さは，1つの辺の長さの半分になるから，10÷2＝5(cm)

❹ アイ，アウ，アエ，アオは，円の半径で長さが等しいです。だから，三角形アイウは二等辺三角形です。また，㋔と㋕の角の大きさが等しいから，三角形アエオは正三角形です。

❶ 円の直径が18cmだから，18÷2＝9(cm)

❷ 二等辺三角形は2つの角の大きさが等しく，正三角形は3つの角の大きさが等しいです。

❺ 三角形アエカとオエカは，紙をもとにもどすと重なるので等しいです。

❶ ㋐と㋘の角の大きさが等しいことに注意します。

❷ アエとオエ，アカとオカの長さがそれぞれ等しいから，正三角形アイウのまわりの長さと等しくなります。

❻ アとイ，ウ，エ，カ，キをそれぞれむすんだ線と，オとイ，ウをそれぞれむすんだ線は，円の半径です。また，エとオ，エとカ，オとカをそれぞれむすんだ線は，円の直径です。

❶ 27−8−8＝11(cm)

❷ 円の半径でかこまれた三角形と，直径でかこまれた三角形の2しゅるいあります。

❸ 正三角形をさがします。三角形アイウ，アエイ，アウカ，イオウ，エオカの5こあります。

❼ ❶ 次の4しゅるい，4こあります。

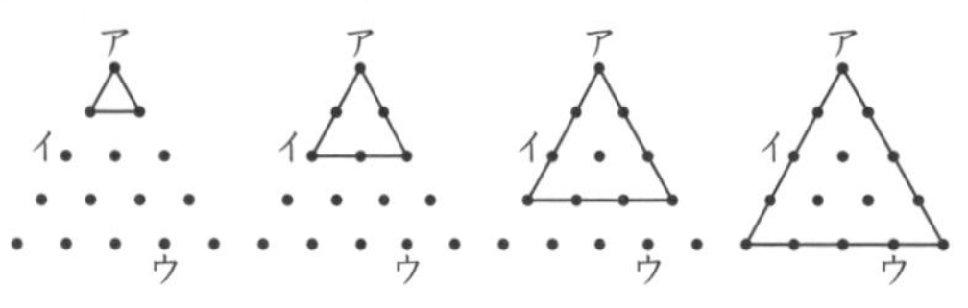


❷ 次の3しゅるい，8こあります。

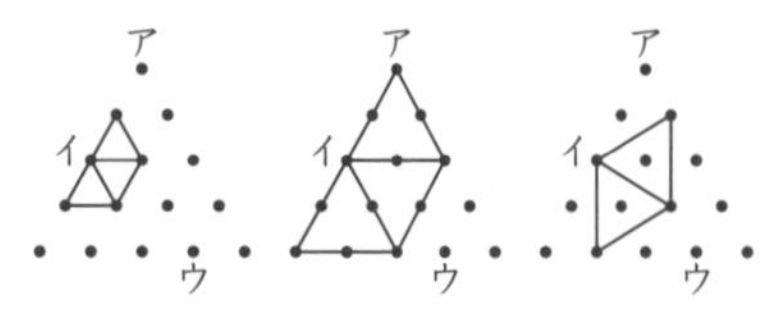


❸ 次の5しゅるい，7こあります。

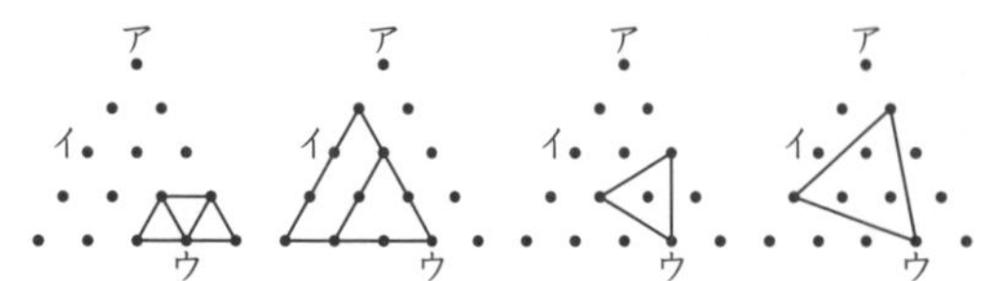


## 17章 2けたの数をかけるかけ算

### 標準レベル＋ 100～101ページ

れい題1 ①2，2，64，64，640

②2，6，3，1，2，312

**1** ❶720 ❷480 ❸1800
❹408 ❺483 ❻336
❼768 ❽544 ❾575
❿735 ⓫364 ⓬990
⓭912 ⓮918 ⓯988

れい題2 ①2，3，2，2，4，9，4，2494

②1940，1，9，4，1940

③432，4，3，432

**2** ❶1134 ❷1376 ❸1088
❹1219 ❺1386 ❻1088
❼1118 ❽1431 ❾1512
❿1395 ⓫1273 ⓬1316

**3** ❶2600 ❷4740
❸230 ❹686

#### 考え方

**1** ❶ 8×90＝8×9×10＝72×10＝720と考えて，8×9に10をかける計算でもとめます。

❷ 12×40＝12×4×10＝48×10＝480

❸ 60×30＝60×3×10＝180×10＝1800

さんこう かけられる数が10倍になるときも，答えは10倍になります。

❹～⓯ 筆算で計算します。十の位の数をかけたときの答えを書く場所に気をつけましょう。

| ❹ | ❺ | ❻ |
|---|---|---|
| 12 | 23 | 14 |
| ×34 | ×21 | ×24 |
| 48 | 23 | 56 |
| 36 | 46 | 28 |
| 408 | 483 | 336 |

| ❼ | ❽ | ❾ |
|---|---|---|
| 24 | 16 | 25 |
| ×32 | ×34 | ×23 |
| 48 | 64 | 75 |
| 72 | 48 | 50 |
| 768 | 544 | 575 |

| ❿ | ⓫ | ⓬ |
|---|---|---|
| 21 | 13 | 22 |
| ×35 | ×28 | ×45 |
| 105 | 104 | 110 |
| 63 | 26 | 88 |
| 735 | 364 | 990 |

⑬
```
   16
 ×57
  112
  80
  912
```
⑭
```
   27
 ×34
  108
  81
  918
```
⑮
```
   26
 ×38
  208
  78
  988
```

**2** 答えが4けたになる計算です。

❶
```
    21
  ×54
    84
  105
  1134
```
❷
```
    32
  ×43
    96
  128
  1376
```
❸
```
    34
  ×32
    68
  102
  1088
```
❹
```
    23
  ×53
    69
  115
  1219
```
❺
```
    33
  ×42
    66
  132
  1386
```
❻
```
    17
  ×64
    68
  102
  1088
```
❼
```
    26
  ×43
    78
  104
  1118
```
❽
```
    27
  ×53
    81
  135
  1431
```
❾
```
    36
  ×42
    72
  144
  1512
```
❿
```
    31
  ×45
   155
  124
  1395
```
⓫
```
    19
  ×67
   133
  114
  1273
```
⓬
```
    28
  ×47
   196
  112
  1316
```

**3** ❶❷ 0をかける計算の答えは，一の位に0を書いて，あとははぶきます。十の位の数をかけた答えを，0の左につづけて書きましょう。

❶
```
   65
  ×40
 2600
```
❷
```
   79
  ×60
 4740
```

❸❹ かけられる数とかける数を入れかえてから，筆算で計算します。

❸
```
   46
  × 5
  230
```
❹
```
   98
  × 7
  686
```

**4** 式 38×94=3572　答え 3572まい

**5** ❶式 42×17=714　800−714=86

答え 86こ

❷式 26×12=312　312−86=226

答え 226こ

**6** ア…7，イ…5，ウ…6　答え 5100

**7** 式 54×14=756　3×12=36

14−12=2　6×2=12

756−36−12=708　答え 708人

### 考え方

**1** ❶
```
   28
  ×24
  112
  56
  672
```
❷
```
   29
  ×32
   58
  87
  928
```
❸
```
   33
  ×29
  297
  66
  957
```
❹
```
   37
  ×23
  111
  74
  851
```
❺
```
   34
  ×23
  102
  68
  782
```
❻
```
   39
  ×25
  195
  78
  975
```
❼
```
   37
  ×27
  259
  74
  999
```
❽
```
   43
  ×23
  129
  86
  989
```

**2** ❶
```
    39
   ×32
    78
  117
  1248
```
❷
```
    18
   ×67
   126
  108
  1206
```
❸
```
    29
   ×54
   116
  145
  1566
```
❹
```
    43
   ×32
    86
  129
  1376
```
❺
```
    38
   ×35
   190
  114
  1330
```
❻
```
    19
   ×87
   133
  152
  1653
```
❼
```
    42
   ×34
   168
  126
  1428
```
❽
```
    46
   ×42
    92
  184
  1932
```
❾
```
    44
   ×52
    88
  220
  2288
```
❿
```
    32
   ×94
   128
  288
  3008
```
⓫
```
    45
   ×89
   405
  360
  4005
```
⓬
```
    88
   ×76
   528
  616
  6688
```

**3** 0のかけ算をはぶいたり，かけられる数とかける数を入れかえたりして，計算がかんたんになるようにくふうしましょう。

## ハイレベル++　102〜103ページ

**1** ❶672　❷928　❸957　❹851　❺782　❻975　❼999　❽989

**2** ❶1248　❷1206　❸1566　❹1376　❺1330　❻1653　❼1428　❽1932　❾2288　❿3008　⓫4005　⓬6688

**3** ❶6120　❷504

❶ $\begin{array}{r} 68 \\ \times 90 \\ \hline 6120 \end{array}$

❷ $9\times56=56\times9$ ➡ $\begin{array}{r} 56 \\ \times\ 9 \\ \hline 504 \end{array}$

❹ [全部のまい数] ＝ [1人分のまい数] × [人数]

❺ ❶ [使ったビーズの数] ＝ [1こ分の数] × [作ったかざりの数]

800こから使った数をひきます。

❷ 26×12＝312(こ)…使うビーズの数

❶から，86このこっているので，たりないのは，312−86＝226(こ)です。

❻ 十の位の数が大きいほうが，答えが大きくなるから，65×78，75×68のどちらかになります。

❼ [全部の席の数] ＝ [1台の席の数] × [バスの台数]

社会見学に行く人数は，全部の席の数から空いている席の数をひいてもとめます。6つ席が空いているバスは，14−12＝2(台)です。

## 標準レベル＋ 104～105ページ

**れい題1** ①7，8，4，9，4，0，8，9408
②3，9，4，8，4，0，6，0，8，40608

**1** ❶3936 ❷7665 ❸7488 ❹9546 ❺9686 ❻9248

**2** ❶12663 ❷17376 ❸22776 ❹19448 ❺25636 ❻21945

**れい題2** ①1，4，0，8，1，6，1，9，2，16192
②0，2，4，4，8，24480

**3** ❶9648 ❷7084 ❸22274 ❹29052 ❺24070 ❻39200

**4** ❶8360 ❷40300 ❸27150 ❹29280

### 考え方

**1** かけられる数が3けたになっても，一の位からじゅんに，位ごとに計算しましょう。

❶ $\begin{array}{r} 123 \\ \times\ 32 \\ \hline 246 \\ 369\ \\ \hline 3936 \end{array}$ ❷ $\begin{array}{r} 219 \\ \times\ 35 \\ \hline 1095 \\ 657\ \\ \hline 7665 \end{array}$ ❸ $\begin{array}{r} 312 \\ \times\ 24 \\ \hline 1248 \\ 624\ \\ \hline 7488 \end{array}$

❹ $\begin{array}{r} 129 \\ \times\ 74 \\ \hline 516 \\ 903\ \\ \hline 9546 \end{array}$ ❺ $\begin{array}{r} 167 \\ \times\ 58 \\ \hline 1336 \\ 835\ \\ \hline 9686 \end{array}$ ❻ $\begin{array}{r} 272 \\ \times\ 34 \\ \hline 1088 \\ 816\ \\ \hline 9248 \end{array}$

**2** 答えが5けたになる計算です。

❶ $\begin{array}{r} 469 \\ \times\ 27 \\ \hline 3283 \\ 938\ \\ \hline 12663 \end{array}$ ❷ $\begin{array}{r} 543 \\ \times\ 32 \\ \hline 1086 \\ 1629\ \\ \hline 17376 \end{array}$ ❸ $\begin{array}{r} 438 \\ \times\ 52 \\ \hline 876 \\ 2190\ \\ \hline 22776 \end{array}$

❹ $\begin{array}{r} 572 \\ \times\ 34 \\ \hline 2288 \\ 1716\ \\ \hline 19448 \end{array}$ ❺ $\begin{array}{r} 493 \\ \times\ 52 \\ \hline 986 \\ 2465\ \\ \hline 25636 \end{array}$ ❻ $\begin{array}{r} 627 \\ \times\ 35 \\ \hline 3135 \\ 1881\ \\ \hline 21945 \end{array}$

**3** ❶～❹ かけられる数の十の位が0のとき，百の位の数にかけた答えを書く場所に気をつけます。

❶ $\begin{array}{r} 201 \\ \times\ 48 \\ \hline 1608 \\ 804\ \\ \hline 9648 \end{array}$ 2×8の答え16は百の位から書く。

❷ $\begin{array}{r} 308 \\ \times\ 23 \\ \hline 924 \\ 616\ \\ \hline 7084 \end{array}$

❸ $\begin{array}{r} 602 \\ \times\ 37 \\ \hline 4214 \\ 1806\ \\ \hline 22274 \end{array}$ ❹ $\begin{array}{r} 807 \\ \times\ 36 \\ \hline 4842 \\ 2421\ \\ \hline 29052 \end{array}$

❺ $\begin{array}{r} 290 \\ \times\ 83 \\ \hline 870 \\ 2320\ \\ \hline 24070 \end{array}$ 9×3の答え27は十の位から書く。

❻ $\begin{array}{r} 700 \\ \times\ 56 \\ \hline 4200 \\ 3500\ \\ \hline 39200 \end{array}$ 7×6の答え42は百の位から書く。

**4** 0をかける計算の答えは，一の位に0を書いて，あとははぶきます。

❶ $\begin{array}{r} 209 \\ \times\ 40 \\ \hline 8360 \end{array}$ 209×4の答えは0の左から書く。

❷ $\begin{array}{r} 806 \\ \times\ 50 \\ \hline 40300 \end{array}$ 6×5の答え30は十の位から書く。

❸ $\begin{array}{r} 905 \\ \times\ 30 \\ \hline 27150 \end{array}$ ❹ $\begin{array}{r} 732 \\ \times\ 40 \\ \hline 29280 \end{array}$

## ハイレベル＋＋ 106～107ページ

**1** ❶9936 ❷7968 ❸9928 ❹12341 ❺28152 ❻13664 ❼20576 ❽30408 ❾30022 ❿55272

**2** ❶54320 ❷54023 ❸35300 ❹50340

❸ 式 240×68＝16320　答え 16320まい

❹ 式 165×52＝8580　答え 8580円

❺ 式 320×17＝5440　84×40＝3360
5440＋3360＝8800　答え 8800円

❻ 式 (680－538)×82＝11644
答え 11644円

❼ ❶132102　❷268686　❸118560

❽ ❶ア…3，イ…6，ウ…7，エ…1，オ…8，
カ…2，キ…7，ク…7，ケ…8，コ…9
❷サ…7，シ…3，ス…2，セ…0，ソ…0，
タ…4，チ…4，ツ…2，テ…4，ト…6

❾ 式 (145×21)＋(165×15)＝5520
(790×3)＋(145×3)＋(580×3)＋(165×3)
＝5040
5520－5040＝480　答え 480円

## 考え方

❶ ❷
```
  249
×  32
  498
 747
 7968
```
❸
```
  292
×  34
 1168
 876
 9928
```
❹
```
  287
×  43
  861
 1148
12341
```
❺
```
  391
×  72
  782
 2737
28152
```
❻
```
  427
×  32
  854
 1281
13664
```
❼
```
  643
×  32
 1286
 1929
20576
```
❽
```
  724
×  42
 1448
 2896
30408
```
❾
```
  883
×  34
 3532
 2649
30022
```
❿
```
  987
×  56
 5922
 4935
55272
```

❷ 0のかけ算に気をつけて計算しましょう。

❶
```
  560
×  97
 3920
 5040
54320
```
❷
```
  607
×  89
 5463
 4856
54023
```
❸
```
  706
×  50
35300
```
❹
```
  839
×  60
50340
```

❸ 全部のまい数＝1パックのまい数×パックの数
だから，式は，240×68になります。

❹ 1年で使う金がく＝1セットのねだん×週の数
だから，式は，165×52になります。

❺ 320円の切手の代金＋84円の切手の代金です。

❻ 全部のもうけ＝1まい分のもうけ×売った数，
1まい分のもうけ＝売りね－仕入れね
だから，式は，(680－538)×82となります。
（680－538：1まい分のもうけ）

❼ かける数が3けたになっても，筆算のしかたは同じです。

❶
```
    537
  × 246
   3222
  2148
```
➡
```
    537
  × 246
   3222
  2148
 1074
 132102
```
・537×6＝3222
・537×4＝2148
を書く。

・537×2＝1074を，次のだんに書く。
・たし算をする。

❷
```
    414
  × 649
   3726
  1656
 2484
 268686
```
❸
```
    608
  × 195
   3040
  5472
 608
 118560
```

❽ ❶ 3×イの一の位が8になるから，イは6。
3×6＝18のくり上げた1と，3×9＝27の7をたして，オは8。くり上げた2をたして1エとなるから，アは3か4か5。
ウ×6の一の位が2になるから，ウは2か7。
ウが2だと，アが5でも答えが20000以上にならないから，ウは7。ア96×73の答えが20000台になるから，アは3。
あとは，396×73の計算から□をもとめます。
❷ シ×4の一の位が2になるから，シは3か8。シが3のとき，3×4＝12のくり上げた1と，3×サの答えの一の位の数をたして2になるのは，サが7のとき。シが8のときはサにあてはまる数がないから，シは3，サは7。
あとは，674×63の計算から□をもとめます。

❾ いちばん高い代金は，1本のねだん×本数で買ったときの代金です。いちばん安い代金は，
バラ21本…6本セットを3セットと3本
ユリ15本…4本セットを3セットと3本
のように，できるだけセットで買ったときです。
(790×3)＋(145×3)＋(580×3)＋(165×3)
＝(790＋145＋580＋165)×3
＝1680×3

として計算するとかんたんになります。

## 18章 □を使った式

### 標準レベル＋ 108〜109ページ

れい題1 ①16，23 ②23，16，7，7

**1** ❶式 □＋12＝40 ❷28

れい題2 ①60，90 ②60，150，150

**2** ❶式 32−□＝18 ❷14

れい題3 ①9，27 ②27，9，3，3

**3** ❶式 2×□＝12 ❷6

**4** ❶式 56÷□＝8 ❷7

**5** ❶式 84÷□＝4 ❷21

**考え方**

**1** ❶ はじめにあった本数＋買った本数
＝全部の本数

はじめ□本　買った12本
全部で40本

❷ □＝40−12＝28

**2** ❶ はじめの数−食べた数＝のこりの数

❷ □＝32−18＝14

**3** ❶ 1本分のかさ×本数＝全部のかさ

❷ □＝12÷2＝6

**4** ❶ 全部のまい数÷1箱に入れたまい数
＝箱の数

❷ □＝56÷8＝7

**5** ❶ 全部の人数÷グループの数
＝1グループの人数

❷ □＝84÷4＝21

### ハイレベル＋＋ 110〜111ページ

**1** ❶19 ❷36 ❸33 ❹74
❺8 ❻21 ❼11 ❽72

**2** ❶式 15＋□＝82，□＝67
❷式 □−43＝59，□＝102

**3** ❶式 □＋6＝45，□＝39
❷式 500−□＝372，□＝128
❸式 4×□＝24，□＝6
❹式 □÷9＝3，□＝27

**4** ㋐…−，㋑…104，□＝162

**5** ❶式 89−□＝52，□＝37
❷126

**6** ㋐…300，㋑…42，㋒…×，□＝6

**7** ㋐…×，㋑…×，㋒…5，㋓…＋，㋔…1，
□＝11

**考え方**

**1** ❶ □＝47−28＝19
❷ □＝71−35＝36
❸ □＝52−19＝33
❹ □＝60＋14＝74
❺ □＝72÷9＝8
❻ □＝63÷3＝21
❼ □＝55÷5＝11
❽ □＝12×6＝72

**2** ❶ □＝82−15＝67
❷ □＝59＋43＝102

**3** ❶ はじめのかさ＋入れたかさ＝全部のかさ
□＋6＝45だから，□＝45−6＝39
❷ 出したお金−代金＝おつり
500−□＝372だから，
□＝500−372＝128
❸ 1台に乗る人数×車の台数＝全部の人数
4×□＝24だから，□＝24÷4＝6
❹ 全部の数÷人数＝1人分の数
□÷9＝3だから，□＝3×9＝27

**4** 全部のページ数−読んだページ数
＝のこりのページ数
式は，□−104＝58　□＝58＋104＝162

**5** ❶ まちがえた計算の式は，89−□＝52です。
□＝89−52＝37
❷ 正しい計算は，37＋89＝126

**6** のこりの長さ＝1本分の長さ×本数
式は，300−□＝42×7
300−□＝294より，□＝300−294＝6

**7** 6つのかんに入る数
＝5つのかんに入れた数＋たりない数
式は，□×6＝13×5＋1　□×6＝65＋1
□×6＝66より，□＝66÷6＝11

さんこう チョコレートは全部で65こあります。

## しあげのテスト(1)　巻末折り込み

**1** (1)① 12　② 8あまり4　③ 392
④ 544　⑤ 2088　⑥ 23868
(2)① 1013　② 3899　③ 11.8
④ 2.6　⑤ 1　⑥ $\frac{11}{13}$
(3)① 7　② 4

**2** (1) 16cm　(2) ア　(3) 27こ
(4)① 340g　② 1kg150g

**3** (1) 8, 25　(2) 5, 30　(3) 4, 13　(4) 1, 40

**4** (1)(ア) 6　(イ) 17　(ウ) 4　(エ) 10　(オ) 29
(2) 3年生でラーメンがいちばんすきな人の人数
(3)

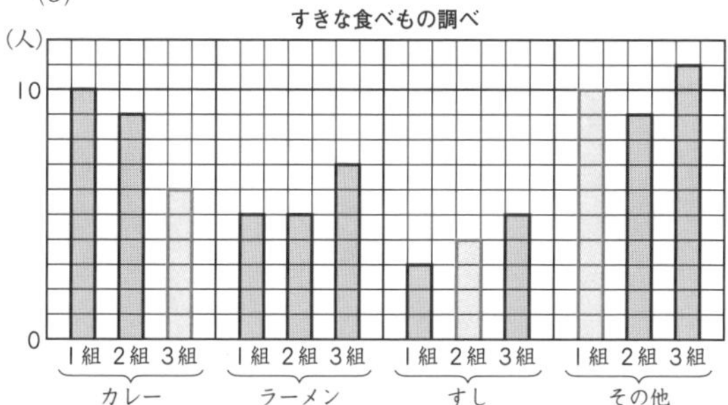


(4) カレー　(5) グラフ

**5** (1)① 6倍　② 2倍　③ 3倍
(2) 式 36＋□＝94－17　答え 41人
(3) 2566000, 2565504, 2565054
(4)① 2　② 28こ
(5) ゆみさんが $\frac{2}{7}$ Lだけ多く飲んだ。

### 考え方

**2** (1) 右の図のように，半径3cmの円の直径の長さ2つ分に，上と下で2cmずつを合わせた長さです。

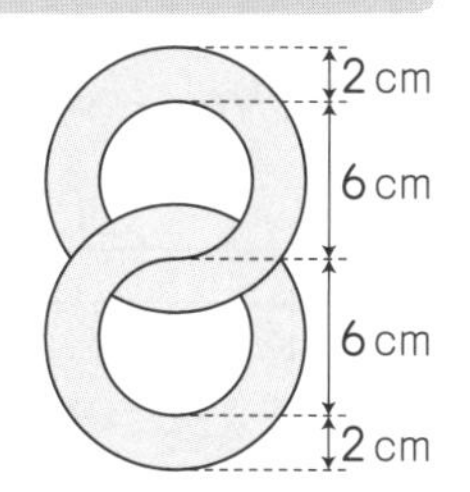


(2) 2つの辺の長さを合わせた長さがもう1つの辺の長さより短いか同じだと，三角形はできません。

(3) △の大きさの三角形が16個，の大きさの三角形が7個，の大きさの三角形が3個と，全体の三角形が1個あります。上下逆の三角形をもれなく数えます。

**3** (1) 3時35分から4時間25分後の時こくが8時ちょうどで，そこから25分後の時こくをもとめます。
(2) 8時10分から2時間10分前の時こくは6時ちょうどで，そこから30分前の時こくをもとめます。
(3) 1時間28分＋2時間45分＝3時間73分
＝4時間13分
(4) 11時5分－9時25分＝10時65分－9時25分
＝1時間40分

**4** (1) (ア)は25－10－9です。(イ)は5＋5＋7です。(オ)は(ア)＋7＋5＋11です。

**5** (1) 次の式に数や□をあてはめると，考えやすいです。
(もとにする大きさ)×(何倍かを表す数)
＝(もとにする大きさの何倍かの大きさ)
① 4×□＝24　だから，□＝24÷4＝6(倍)
↑(4：もとにする大きさ，□：倍)

(2)

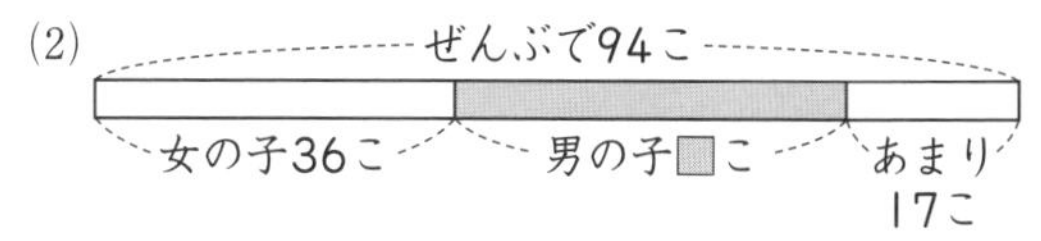


(4) 12322／12322／12322／12…
上のように，ひとつのまとまりが12322の5この数字のくり返しです。
① 32＝5×⑥＋2→はじめから32番目とは，5この数字のまとまりが6組と，あまりが2個なので，2番目の数と同じです。
② 12322のひとまとまりの中に，2は3個入っています。
47＝5×⑨＋2→はじめから47番目とは，5この数字のまとまりが9組と，あまりが2つなので，3×⑨＋1→28こ

(5) ゆみさんが飲んだ量は $1-\frac{1}{7}-\frac{2}{7}=\frac{4}{7}$ (L)
だから，ゆみさんが $\frac{4}{7}-\frac{2}{7}=\frac{2}{7}$ (L) 多く飲みました。

## しあげのテスト(2)　巻末折り込み

**1** (1)①23　②8あまり3　③612
④6111　⑤2628　⑥165425
(2)①434　②7072　③7
④1.8　⑤$\frac{12}{17}$　⑥$\frac{9}{16}$
(3)①123　②350

**2** (1)①6cm　②12cm
(2)①4cm　②㋔, ㋕
(3)①㋐100まい　㋑5人　㋒2L
②㋐700まい　㋑15人　㋒12L

**3** (1)2時間20分　(2)4時間40分
(3)1分15秒　(4)2分15秒

**4** (1)4703万　(2)6120万
(3)13008000　(4)100
(5)8740　(6)8880

**5** (1)1080m　(2)240m

**6** (1)①9dL　②3dL
(2)式 □＋□×4＝45　答え 9才
(3)ア140　イ152　ウ138　エ142
オ150
(4)137円
(5)10こ
(6)9倍

### 考え方

**1** (1)⑤

$$\begin{array}{r} 36 \\ \times 73 \\ \hline 108 \\ 252\phantom{0} \\ \hline 2628 \end{array}$$

⑥

$$\begin{array}{r} 509 \\ \times 325 \\ \hline 2545 \\ 1018\phantom{0} \\ 1527\phantom{00} \\ \hline 165425 \end{array}$$

(2)①

$$\begin{array}{r} \overset{6\,\overset{9}{10}}{\cancel{7}\cancel{0}3} \\ -269 \\ \hline 434 \end{array}$$

②

$$\begin{array}{r} {\scriptstyle 1\ 1\phantom{00}} \\ 5857 \\ +1215 \\ \hline 7072 \end{array}$$

(3)① 51＋23＋49＝(51＋49)＋23＝100＋23
＝123
② (7×83)－(33×7)＝(83×7)－(33×7)
＝(83－33)×7＝50×7＝350

**2** (1)① 直径3こ分で18cmだから，18÷3＝6(cm)
② ㋐の長さは直径2こ分だから，6×2＝12(cm)
(2) 三角形アオエは，正三角形です。
(3)㋐ 5目もりで500まい→1目もり100まい
㋑ 10目もりで50人→1目もり5人
㋒ 10目もりで20L→1目もり2L

**3** (1) 50分＋1時間30分＝1時間80分
＝2時間20分
(2) 5時間15分－35分＝4時間75分－35分
＝4時間40分
(3) 35秒＋40秒＝75秒＝1分15秒
(4) 3分－45秒＝2分60秒－45秒＝2分15秒

**4** (5)(6) 1目もりは10です。

**5** (2) 学校の前を通って行く道のりは，
680＋930＝1610＝1km610m
スーパーの前を通って行く道のりは，
810＋560＝1370＝1km370m
道のりのちがいは，
1km610m－1km370m＝240m

**6** (1)① (もとにする大きさ)×(何倍かを表す数)
＝(もとにする大きさの何倍かの大きさ)
だから，ジュースを□dLとすると，
□×4＝3L6dL＝36dL
□＝36÷4＝9(dL)
② ①と同じように考えて，
9÷3＝3(dL)
(3) 3つの数をたした数は，
147＋145＋143＝435です。
(4)
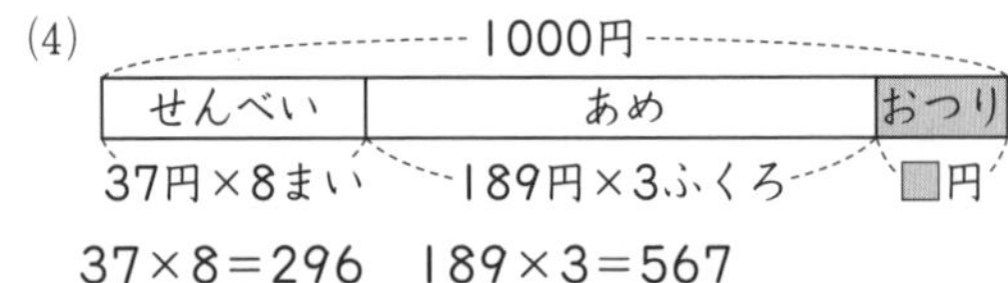

37×8＝296　189×3＝567
296＋567＝863　1000－863＝137(円)
(5)
6こ×60ふくろ
7こ×50ふくろ　□こ
6×60＝360　7×50＝350
360－350＝10(こ)
(6)
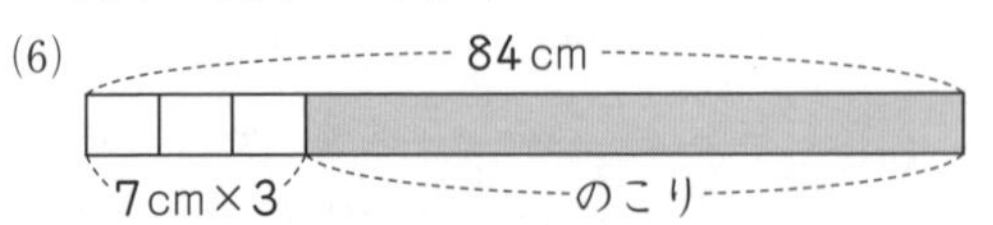

7cmのひも3本は，7×3＝21(cm)
のこったひもは，84－21＝63(cm)
63÷7＝9(倍)



2 1 0 9 8 7 6 5 4 3
* * D C B A